农学进展

〔美〕D.L. 斯帕克斯（Donald L. Sparks） 主编

全球土壤盐渍化
回顾、现状与展望

ADVANCES IN AGRONOMY
Critical Knowledge Gaps and Research
Priorities in Global Soil Salinity

〔美〕J.W. 霍普曼斯（Jan W. Hopmans） 等 著
李保国 焦会青 王 钢 译

U0228252

科 学 出 版 社
北 京

图字：01-2023-1597 号

内 容 简 介

本书对全球盐渍化这一重大问题，从相关的土壤学、水文学与植物学的基础理论、测定与监测方法、模型模拟及利用管理等方面进行了全方位概括性综述。同时，本书以建立可持续的高效农业体系、保障世界未来的粮食安全为目标导向，论述了土壤盐渍化研究中的 10 个重点领域；综述分析了不同国家或不同地区或流域的盐渍化土地改良、利用及管理案例；简述了未来盐渍化研究与管理所面临的挑战与多学科协同创新的途径。

本书可供从事盐碱地开发利用或土壤盐渍化防治相关的土壤学、水文学、植物学及农学类科研人员参考，也可供土壤与耕地保护、农田水利、旱作农业、生态与环境保护工程一线人员及管理决策人员参考。

审图号：GS 京 (2023) 1821 号

图书在版编目 (CIP) 数据

农学进展：全球土壤盐渍化回顾、现状与展望/(美) D.L. 斯帕克斯 (Donald L. Sparks) 主编; (美) J.W. 霍普曼斯 (Jan W. Hopmans) 等著; 李保国，焦会青，王钢译. —北京：科学出版社，2023.11
书名原文: Advances in Agronomy: Critical Knowledge Gaps and Research Priorities in Global Soil Salinity
ISBN 978-7-03-076900-8

Ⅰ. ①农⋯ Ⅱ. ①D⋯ ②J⋯ ③李⋯ ④焦⋯ ⑤王⋯ Ⅲ. ①盐碱土改良–研究–世界 Ⅳ. ①S156.4

中国国家版本馆 CIP 数据核字(2023)第 211301 号

责任编辑：李秀伟　刘　晶 / 责任校对：郑金红
责任印制：赵　博 / 封面设计：无极书装

科 学 出 版 社 出版
北京东黄城根北街 16 号
邮政编码：100717
http://www.sciencep.com
北京建宏印刷有限公司印刷
科学出版社发行　各地新华书店经销

*

2023 年 11 月第 一 版　开本：720×1000 1/16
2024 年 3 月第二次印刷　印张：11
字数：220 000
定价：148.00 元
(如有印装质量问题，我社负责调换)

注　意

　　本书涉及领域的知识和实践标准在不断变化。新的研究和经验拓展我们的理解，因此须对研究方法、专业实践或医疗方法作出调整。从业者和研究人员必须始终依靠自身经验和知识来评估和使用本书中提到的所有信息、方法、化合物或本书中描述的实验。在使用这些信息或方法时，他们应注意自身和他人的安全，包括注意他们负有专业责任的当事人的安全。在法律允许的最大范围内，爱思唯尔、译文的原文作者、原文编辑及原文内容提供者均不对因产品责任、疏忽或其他人身或财产伤害及/或损失承担责任，亦不对由于使用或操作文中提到的方法、产品、说明或思想而导致的人身或财产伤害及/或损失承担责任。

作 者 名 单

Jan W. Hopmans

Department of Land, Air and Water Resources, University of California, Davis, CA, United States

A.S. Qureshi

Irrigation and Water Management, International Center for Biosaline Agriculture (ICBA), Dubai, United Arab Emirates

I. Kisekka

Department of Land, Air and Water Resources, University of California, Davis, CA, United States

R. Munns

CSIRO Agriculture and Food, Canberra, ACT, Australia; ARC Centre of Excellence in Plant Energy Biology, School of Molecular Sciences, University of Western Australia, Crawley, WA, Australia

S.R. Grattan

Department of Land, Air and Water Resources, University of California, Davis, CA, United States

P. Rengasamy

School of Agriculture, Food and Wine, University of Adelaide, Waite Campus, Glen Osmond, SA, Australia

A. Ben-Gal

Soil, Water and Environmental Sciences, Agricultural Research Organization – Volcani Institute, Gilat Research Center, Rishon Lezion, Israel

S. Assouline

Agricultural Research Organization – Volcani Institute, Department of Environmental Physics and Irrigation, Rishon LeZion, Israel

M. Javaux

E Université catholique de Louvain, Earth and Life Institute, Louvain-la-Neuve, Belgium ilCAR, Central Soil Salinity Research Institute, Karnal, Haryana, India

P.S.Minhas

ICAR, Central Soil Salinity Research Institute, Karnal, Haryana, India

P.A.C. Raats

Wageningen University and Research Center (WUR), c/o Paaskamp 16, Roden, The Netherlands

T.H. Skaggs

USDA Agricultural Research Service, United States Salinity Laboratory, Riverside, CA, United States

G.Wang（王钢）

Department of Soil and Water Sciences, China Agricultural University, Beijing, China

Q. De Jong van Lier

CENA/University of São Paulo, Piracicaba (SP), Brazil

H. Jiao（焦会青）

Department of Soil and Water Sciences, China Agricultural University, Beijing, China

R.S. Lavado

Facultad de Agronomía, Universidad de Buenos Aires and INBA—CONICET/UBA, Buenos Aires, Argentina

N. Lazarovitch

French Associates Institute for Agriculture and Biotechnology of Dryland, The Jacob Blaustein Institutes for Desert Research, Ben-Gurion University of the Negev, Be'er Sheva, Israel

B. Li（李保国）

Department of Soil and Water Sciences, China Agricultural University, Beijing, China

E. Taleisnik

CONICET, IFRGV-CIAP INTA and Facultad de Ciencias Agropecuarias, Universidad Católica de Córdoba, Córdoba, Argentina

译 者 序

本书为 Donald L. Sparks 教授主编的 *Advances in Agronomy*（《农学进展》，第 169 卷）第 1 篇文章 "Critical knowledge gaps and research priorities in global soil salinity" 的中文译本。原文由美国加州大学戴维斯分校 Jan W. Hopmans 教授负责组稿和统稿，来自全球各大洲 10 个国家的 19 名科学家参与此工作。译者有幸被邀请参加本文的英文版写作，负责中国部分案例的内容总结与分析。在英文稿件完成后，我们与 Jan W. Hopmans 教授进行了深入交流，希望把此文译成中文介绍给国内广大的读者，Jan W. Hopmans 教授特别支持我们的想法。本文在 2021 年《农学进展》（第 169 卷）正式出版后，我们就与科学出版社联系，购得了版权，同时着手进行全文的翻译工作。

我国的盐碱地资源丰富、类型多样，对盐碱地的科学研究、开发、利用及管理水平整体上处于国际先进水平，对我国的粮食安全供给具有重大贡献。现阶段我国对盐碱地改良及利用高度重视，计划将水资源有潜力地区的部分盐碱荒草地作为耕地后备资源进行开发，以确保新形势下我国粮食安全；再加上我国北方灌区耕地盐渍化问题十分突出，就更应该对盐碱地的科学研究、盐碱地可持续利用原理进行深入透彻的了解！结合本书内容，这里我还要再次强调一下盐碱地的改良与利用的科学原理。

本质上说，对盐渍土或盐碱土的改良与利用一定要遵循水盐运动的科学原理，做到在农田到流域尺度上对土壤/土地水盐平衡进行科学调控。淡水资源有效供给是盐碱地改良利用的基础保证，仅靠施用改良剂来改良利用盐碱地是不可能的。农田尺度上土地植被利用强度增加，蒸散（蒸腾、蒸发）就会加大，这就意味着积盐强度增加；没有排水（盐）系统，盐分不能随水排出，就会聚集在表土，造成次生盐渍（碱）化，导致土地不可持续利用；农田如不能自然排盐，就必须有工程措施保证人为排灌，所以在农田尺度上，必须通过灌排体系的建设与运行对水的运动进行调控，保证盐碱土壤剖面上的盐分平衡或脱盐。在灌排条件完备下，耐盐植物（品种）利用，以及在钠质（碱化）土壤上施用改良剂可提升资源利用效率或排盐效率。在流域尺度上，充足的水资源供给是保障局地盐碱土地资源可持续利用的基础；此外，保障局部与灌溉区下游排水（排盐）畅通的排水工程体系也是重要的支撑，而干排盐技术应合理谨慎利用。如果外来淡水资源充足，种植水稻是改良利用盐碱地的最好措施。从流域的上游到下游，要逐步筛选具有高耐受盐碱能力作物的种类与品种。

　　本书对上述内容从水盐运动和植物耐盐性理论到全球主要国家或地区盐碱土地开发利用案例都进行了较为充分的论述，能反映国际上土壤盐渍化研究的最新进展，相信中文版的出版对我国盐渍土的科学研究，以及盐渍土开发、利用和管理实践都有重要的参考价值。另外，本书插图系原文插图，特此说明。

　　特别感谢郭岩教授对译文中有关植物耐盐性生物学部分内容的审阅。

　　全书翻译表达不妥之处，敬请读者批评指正。

李保国

2023 年 5 月 5 日

前　　言

目前，全球约有 10 亿 hm^2 的土地受到盐渍化影响，约占地球陆地表面的 7%。虽然其中大部分是由自然地球化学过程造成的，但全球估计有 30% 的灌溉土地受到人为次生盐渍化的影响。除了气候变化引起沿海地区海水入侵、作物需水量增加外，劣质灌溉水的应用也进一步导致了盐渍土分布区域的扩大。可用于灌溉的淡水资源减少、土地退化和城市化导致世界耕地面积持续减少，再加上世界人口不断增长，寻求盐渍化问题可持续解决办法将变得更加复杂。本书对全球盐渍化问题进行了概括性综述，指出了这方面研究的不足，并就土壤盐渍化研究中的 10 个重点领域提出建议，以期建立一个可持续的高效农业体系，保障未来的粮食安全。本书也给出了不同地区或流域的案例研究，介绍了世界主要灌区在应对土壤盐渍化影响方面取得的进展。本书最后展望了未来研究重点，希望社会能加大研究资助，为缓解土壤盐渍化影响提供新知识和创新解决方案，激励科学团体在土壤盐渍化研究中开拓新的方向。

目　　录

1 引　言

　　土壤对人类的生存发展至关重要。土壤里发生的过程影响我们吃的食物、喝的水、呼吸的空气的质量，土壤是我们生活和交通基础设施（如建筑、公园、道路）的基础。由于世界人口持续增长，社会需要更广泛的食物选择。能否为这个世界提供更具选择性营养的食物和饲料，很大程度上取决于我们维持农业土壤高产的能力。土壤在保证粮食安全方面具有核心地位，但是目前可用耕地资源正以惊人的速度减少。事实上，近十年我们正处在全球农业用地的峰值，这也意味着世界耕地面积已接近最大值，每年耕地新增面积小于其流失速度。耕地减少的主要原因包括：①用于城市和工业建设；②土壤侵蚀、压实或盐渍化等原因导致土壤退化，进而弃耕；③土壤污染，威胁公共健康。据估计，全球约15%的土地面积已发生退化（Wild，2003）。

　　除了农业用地面积减少之外，随着人口的增加，生活和工业用水增加，也导致了淡水资源的短缺。此外，为了维持健康的淡水环境和生态系统，农业灌溉用水在许多干旱和半干旱地区受到了限制。虽然世界上只有约15%的农业用地可进行灌溉，但却生产了全球约45%的粮食、水果和蔬菜，甚至更多。淡水资源的短缺正逐渐成为全球发展的主要限制因素，提高灌溉农业的水分利用效率变得至关重要。农业集约化意味着用更少的资源做更多的事情，同时最大限度地减少环境足迹，减轻其对气候变化的影响或者适应气候变化。

　　此外，关于农业生产对土壤、空气和水质的影响，以及转基因食品的应用、气候变化威胁的相关争论和政策变化也是农业生产的制约因素。在各种缓解和适应对策中，一是呼吁农业可持续集约化、水和气候智慧型农业措施；二是呼吁保护性农业，改善土壤健康，尽量减少对土壤、水和空气质量的环境影响。此外，还建议采取其他非土壤相关的措施，如缩小作物产量差和养分需求差、减少食物浪费（Foley et al.，2011）。总之，这些水土管理措施在维持粮食生产的同时，可以提高土壤质量，减少环境足迹，节约淡水资源，阻控土壤退化。

　　因此，保护我们的土壤至关重要。首先必须防止土壤退化，如水蚀、风蚀、土壤污染和土壤盐渍化。我们注意到，在估计的占陆地面积12%的耕地以外，扩大农田的空间有限，这是因为大多数生产性土地已经用于农业，开垦更多的土地将增大边际土地的环境影响（如侵蚀），或破坏世界上最丰饶的自然生态系统。最近，IPCC（2019）《气候与土地专题报告》中提到了可持续土地管理的重要性，强调了不断变化的气候、土地退化、可持续土地管理、粮食安全之间的相互作用和反馈，指出"土地为人类的生计和福祉提供了重要的基础，包括食物、淡水和多种其他生态服务功能，以及生物多样性。人类的利用直接影响全球 70%以上（大概 69%～76%）的无冰陆面（高可信度）。土地在气候系统中也扮演着重要的角色。"

在最普遍的土壤退化形式中，除空气和水的侵蚀以及土壤污染外，还有人为因素导致的土壤盐渍化。土壤盐渍化是水溶性盐分在植物根层积累，从而影响水土质量，抑制植物生长。盐分总量会引起土壤水分渗透势的变化，降低植物从土壤中吸收水分的能力。此外，Na^+、Cl^-等特定离子会对植物生理产生负面影响，当植物吸收的量过高时则会产生毒害作用。此外，Na^+在黏土矿物表面积累会引起土壤的膨胀和分散，从而减少水分的入渗和土壤的排水，引起钠质土的渍水和洪涝。

到目前为止，地质过程盐渍化在约 10 亿 hm^2 盐渍土地中占比最大，约占地球表面的 7%。此外，世界上大约 1/3 的灌溉土地（约 70 Mhm^2）在某种程度上受到了盐渍化的影响（FAO and ITPS，2015）。据估计，盐渍土的面积正在以每年 1.0～2.0 Mhm^2 的速度增加。然而，近年来相关的数据较少，已有的报告资料也已经过时（Omuto et al.，2020）。随着淡水资源日益匮乏，替代性灌溉水被利用，这将进一步导致许多干旱地区的土壤发生退化。此外，气候变化导致海平面上升，使沿海地区海水入侵速度加快，而蒸发量的增加则导致需要更大的灌溉量。

古代社会关于土壤盐渍化的案例有很多，主要是由过度灌溉、洪水及相应的地下水位上升所导致，特别是在幼发拉底河和底格里斯河沿岸的伊拉克、印度河平原的巴基斯坦和印度，以及美洲（Ghassemi et al.，1995；Hillel，1992；Shahid et al.，2018）。在大多数情况（不是所有情况）下，盐分在毛细管的作用下从不断上升的地下水中运动至作物根区，此过程积累了数百至数千年，因此人们不得不种植更加耐盐的作物（例如，从小麦到大麦），最终导致饥饿和战争，终结了那些早期的农业文明。近 50 年来，中亚咸海流域、中国黄河流域、澳大利亚墨累-达令流域和加利福尼亚州圣华金河谷的盐碱化以更快的速度使土地退化（Chang and Brawer Silva，2014）。尽管估计差异很大，盐渍化土地每年约增加 10%（Nachshon，2018），这主要是由人类农业活动所导致（10 Mhm^2/a）（Szabolics，1989）。

通过回顾过去几十年土壤盐渍化相关的文献，我们发现，最近的文章多以应用研究为主，几乎没有新的基础研究，这是因为大多数概念的提出可以追溯到 2000 年之前，当时大规模的灌溉工程在很大程度上扩大了世界灌溉面积。此外，随着研究重点的变化，用于土壤盐渍化研究的资金有所减少。在"谷歌学术"对标题中含有"土壤盐渍化"的文章进行搜索，结果显示这类文章的数量在过去 10 年中并未增加（图 1-1），此调查虽然不够全面，但也能说明一些问题。Li 等（2014）关于中国的研究也得出了类似的结论，土壤盐渍化正成为粮食生产的主要限制因素，约 75%的农田进行灌溉，而其中约有 5%的土地面积受到盐渍化的影响。

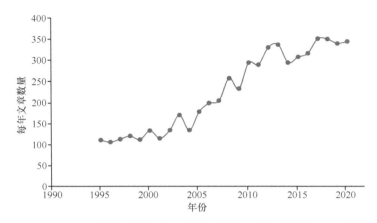

图 1-1　1995～2019 年标题中含有"土壤盐渍化"的文章数量（谷歌学术）。

我们将在第 2 章中介绍土壤盐渍化管理中的术语和重要概念。为了避免重复，我们将在第 3 章中总结土壤盐分的测定和建模方法。然后在第 4～13 章介绍土壤盐渍化的研究重点，其中，前 3 个重点为基于现有知识改进的土壤盐渍化管理措施，另外 7 个重点介绍未来土壤盐渍化管理中的研究或关键知识不足。第 4～13 章中，每一部分主要包括：①简要回顾 2000 年以前的研究成果；②总结最近的研究，强调知识和技术的变化；③总结出研究重点，以解决当前不足，为今后的粮食安全问题提供支撑。第 14 章介绍其他的研究需求。

第 15 章介绍世界各地主要灌溉区的案例研究，如澳大利亚、美国加利福尼亚州、中国、以色列、印度河-恒河流域（巴基斯坦、印度）、中东幼发拉底河-底格里斯河流域、尼罗河流域、拉丁美洲，以及荷兰与周边低地国家，以说明各国在解决土壤盐渍化影响方面取得的进展。另外，这些研究列出了此后需要达到的其他需求，以防止由于土壤盐渍化导致的土地持续退化和主要农业用地流失。第 16 章对上述内容进行总结，并从水和粮食安全社会问题的角度讨论灌溉农业可持续发展的前景。

通过明确土壤盐渍化方面最关键的知识不足，我们旨在加快创新研究，来产生新知识和创新的解决方案。我们还希望激励科学团体探索土壤盐渍化研究新方向，以应对未来的挑战。

2　土壤盐渍化及盐渍化管理相关概念

本章的目的是全面回顾有关土壤盐渍化的文献，简述已验证过的土壤盐渍化管理技术。通过查阅总结现有的手册和文章，可罗列出以下重要参考文献：《土地和水资源的盐渍化》（Ghassemi et al.，1995）；《ASCE 农业盐渍化评估和管理手册》[Tanji，1990；Wallender 和 Tanji（2012）的修订版]；《灌溉条件下的土壤盐渍化》（Shainberg and Shalhevet，1984）；《盐质和钠质化土壤》（Bresler et al.，1982）。其他还有 Kamphorst 和 Bolt（1976）、Sposito（2016）等所著的相关文献。

2.1　盐分的来源

土壤盐渍化问题可发生于多种气候条件下，既有自然因素的影响，也受人为活动的干扰，但在干旱和半干旱气候条件下尤其普遍，这是因为降雨较少时，无法将土壤中累积的盐分淋洗至植物根区以下。灌溉和雨养农业都存在此问题。

土壤盐渍化的关键因素是地质及其化学条件、气候和当地水文条件。母岩的矿物风化是所有盐分的主要来源，是海水以及来自河流、湖泊和地下水的灌溉水中盐分的主要来源。海水中的盐分通过降雨或风导致的大气沉降，或者通过沿海地区的海啸或飓风等使海水入侵到达陆地。土壤在形成时可能已经含有大量盐分，这与母岩有关，如碳酸盐矿物（沉积岩）或长石（花岗岩）的风化作用。沉积岩通常含有大量的碳酸盐和硫酸盐，它们风化会形成含有大量石膏或方解石的高碱性土壤。相比之下，以石英、长石和云母等原生矿物为主的花岗岩风化会导致土壤酸性更强。气候可以影响化学风化和物理风化的速率，如通过温度、盐分的溶解和沉淀、可溶盐的淋洗（高降雨量）或积累（低降雨量）。

土壤盐渍化可以分为原生盐渍化，以及次生、人为导致的盐渍化。原生盐渍化是由自然过程导致的，例如，降雨或风导致的大气沉降，或者岩石的风化，使可溶性矿物质在土壤、沉积物和地下水中积累。例如，化石型地下水源自海相沉积物，其中的盐分通过渗流至近陆面，或通过地下水抽取利用成为土壤盐分的来源。原生土壤盐渍化广泛存在于海水淹没的土壤和地层中，以及地下咸水较浅的沿海地区。例如，美国北部大平原的大部分盐分与海相页岩及其风化层的含盐渗滤液有关，它们源自约 1 亿年前覆盖该地区的浅海（Miller et al.，1981）。近年来，该平原盐渍化程度的变化在很大程度上归因于土地利用的变化（从草原到农田），以及气候的变化（夏季极端降雨和伴随的洪涝灾害）（Nachshon，2018）。在荷兰，由于海平面上升，海水中的盐分会威胁到海平面以下的沿海地区（圩区）的淡水供给，并成为其农业用地面临的主要问题（Raats，2015；15.8 节）。

次生盐渍化是由人类活动引起的，主要是在排水条件较差的情况下，使用劣质水进行灌溉。此外，导致土壤盐渍化的原因还可能是移除深根系植被，从而增加了地下水补给量（旱地盐渍化；Holmes，1981），或者通过施肥和污水灌溉等方式带入土壤。土壤盐渍化的具体原因取决于与当地地貌有关的土壤和地下水运动过程，随着气候、地貌类型、农业活动、灌溉方法以及相关的水土管理办法而变化。土壤盐渍化程度与地下水有关，当含盐地下水上升至植物根区，在土壤蒸发和植物蒸腾驱动下借助毛细管力向上输送到近地表，并发生盐分积聚。这种情况可以通过原生和次生盐渍化过程发生，例如，低洼地区的渗流，或者灌溉导致的地下水位上升。另一种引起盐渍化的情况是由过度灌溉导致的，也可能是因为旱地农业中清除了原生多年生深根系植被（澳大利亚和拉丁美洲，15.1 节和 15.7 节）。在有些地貌条件下，地下水太深，无法借助毛细管作用运动至植物根区，这种情况下，土壤盐渍化与地下水无关。这种情况主要发生在雨水或灌溉水的排泄受到限制时，很大程度上取决于该地貌中土壤质地的空间变化。具体而言，质地较粗的土壤排水和盐分淋洗充分，而含有低渗土层的土壤限制了深层渗漏，如钠质土易发生涝渍。

全球约 6%的陆地存在原生盐渍化问题，此外，约 20%的农田和 1/4～1/3 的灌溉土地受到次生盐渍化的影响，总共约为 10 亿 hm^2。

2.2 盐分含量和钠化度的定义

为了量化土壤盐分含量或含盐量，人们通常通过电导率（EC）来表示可溶性盐总量，单位以 dS/m 或 mmho/cm 表示。对于土壤溶液而言，通常 1 dS/m 相当于 680 mg/L 左右的总含盐量（TDS）（海水约为 50 dS/m）。然而，有效浓度取决于离子活度系数，受许多因素影响，如离子对的存在、络合物的形成及温度（Bresler et al.，1982）。虽然野外测定的 EC 代表一定土体，但更为公认的是 EC_{ex}，即饱和泥浆浸提液的 EC（US Soil Salinity Laboratory Staff，1954），这是因为植物主要受到土壤溶液中盐分浓度的影响。然而其他浸提方法可能在数量上更具可重复性，并且与以 Cl⁻为主的饱和泥浆的化学成分有良好的相关性（Sonmez et al.，2008）。美国盐土实验室提倡使用 EC_{ex}，主要是因为：①饱和泥浆浸提液的化学成分接近于土壤溶液（EC_{sw}）；②如果采用更大的土壤水稀释度，硫酸盐和碳酸盐矿物的溶解及沉淀可能会导致化学成分改变。美国盐土实验室（1954）对不同土壤盐分含量水平进行了分类，将 EC_{ex} 值小于 2 dS/m 的土壤归类为非盐渍土，EC_{ex} 值在 2～4 dS/m、4～8 dS/m、8～16 dS/m 范围内的土壤分别定义为轻度、中度和重度盐渍土。该分类方法虽然被广泛接受，但是也有其局限性。首先，该分类基于实验室测定值，低估了非饱和土壤的原位盐分浓度；其次，在实验室浸提土壤通常会导致石膏、方解石等溶解，从而高估土壤的 EC（第 8 章）。

另一个关于土壤盐渍化的特性与土壤中钠的含量有关，用钠化度（ESP）或钠吸附比（SAR）表示。原生岩石矿物的风化产生了带负电的土壤颗粒，从而导致土壤溶液中阳离子的静电吸附，以平衡颗粒间隙水化表面的总电荷。土壤颗粒吸附阳离子的能力在很大程度上取决于土壤矿物类型，不同黏土矿物之间差异很大。然而，所有土壤都会在一定程度上吸附离子，吸附的阳离子种类在很大程度上取决于土壤溶液的组成。吸附容量和负电荷的多少由土壤的阳离子交换量（CEC）来表征，纯砂粒的 CEC 接近于零，而蒙脱石类黏土矿物的 CEC 达 100 meq/L 或更大。对土壤最具破坏性的是大量 Na^+ 取代了其他二价阳离子（如 Mg^{2+} 和 Ca^{2+}）吸附在土壤胶体上。因此，SAR 被定义为：

$$SAR = \frac{Na^+}{\sqrt{Ca^{2+} + Mg^{2+}}\big/2} \tag{2-1}$$

所有浓度均以 meq/L 表示，并通过土壤饱和浸提液或灌溉水测定。与此类似，ESP 定义为土壤交换性 Na^+ 与土壤 CEC 的比值（第 12 章），所有值均以 meq/100 g 土表示，并以百分比（×100%）计算。这两种钠含量指标可以互换使用，并且可以使用 Gapon 系数（定量表征土壤中 Ca^{2+} 和 Na^+ 的交换）进行相互推导（Bresler et al.，1982；Oster and Sposito，1980；US Soil Salinity Laboratory Staff，1954）。对于美国西部地区，ESP 值高达 40%时，该系数为 1.5 左右，但因土壤类型而异。使用这些定义时，还需要考虑一些其他因素。首先，土壤 CEC 的值高度依赖于 pH，因为土壤矿物质和有机质表面的羟基可能在高 pH 条件下去质子化并带负电，如碱性土壤（pH>8.5）。其次，Ayers 和 Westcot（1985）、Suarez（1981）和 Rhoades（1982）讨论了如何调整 SAR，以考虑由于灌溉水中碳酸氢根和碳酸根离子含量的增加而引起土壤溶液中离子浓度的变化，从而导致 Ca^{2+} 或 Mg^{2+} 离子沉淀，增加钠质化的危害。此外，当存在大量 K^+ 的情况下，可能必须将其包含在计算中（第 12 章）。

值得注意的是，盐渍土的化学成分受许多因素影响，尤其是含有方解石或石膏的沉积母质发育而来的土壤。例如，土壤和植物根系呼吸产生的二氧化碳增加了方解石的溶解度，从而创造了碱性更强的条件，在其他离子浓度较高时更是如此，因为会产生离子强度效应。正如 Suarez 和 Jurinak（2012）所强调的那样，土壤溶液化学成分非常复杂，需要将地球化学和土壤水文模型与土壤-矿物化学结合起来。具体来说，Schoups 等（2006）利用 UNSATCHEM 水盐模型（第 3 章）预测了加利福尼亚州圣华金河谷灌溉土壤盐渍化的长期变化，考虑了阳离子交换和石膏的溶解沉淀。

根据美国盐土实验室（1954）报道，钠质土的 SAR 或 ESP 值分别大于 13 或 15。当 $EC_{ex}>4$ dS/m 且 ESP>15 时，土壤被归类为盐化钠质土。当考虑全部盐渍化农业用地时，受钠质化影响的土壤面积几乎是受盐质化影响的两倍，全球范围内有 412 Mhm^2 的盐质土和 618 Mhm^2 的钠质土（Oldeman et al.，1991）。

2.3　盐渍化对土壤、植物和环境的影响

2.3.1　土壤

对土壤的大部分影响是由相对较高的钠化度（ESP）引起的，土壤溶液中的钠离子吸附至土壤胶体上，从而在很大程度上影响土壤的物理性质，如容重、保水性和导水性。与 Ca^{2+} 和 Mg^{2+} 等二价阳离子相比，Na^+ 与土壤颗粒表面的吸附力较弱。当水分增加时，以 Na^+ 为主的水膜包围的土壤颗粒往往会相互排斥，从而导致土壤分散。这会破坏土壤团聚体，形成单个土壤颗粒，堵塞土壤孔隙，并在干燥时沉积形成土壤结皮。在渗透梯度的驱动下，孔隙水进入黏土矿物的层间，导致土壤膨胀，进一步加速了颗粒的分散，这种情况在含盐量较低的情况下更明显。当土壤干燥时，这些土壤会收缩，形成可能深入土壤剖面的裂隙；当土壤湿润时，这些类型的土壤结构恶化将在很大程度上减少水分入渗和土壤排水，导致内涝和洪涝灾害，并使土壤易于遭受水蚀和风蚀。更详细的内容将在第 12 章中介绍。

2.3.2　植物

由于渗透作用，土壤溶液中盐分的增加将降低植物从土壤中吸收水分的能力，而 Na^+、Cl^- 或硼酸根等特定离子会对植物的生理过程产生负面影响，被植物吸收时可能产生毒害（Lauchli and Grattan，2012）。此外，盐渍土会减少植物对养分的吸收或导致离子失衡，这是因为 Na^+ 等特定离子会与其他植物必需营养元素竞争，导致矿质营养失调，进而影响植物的生存和生产能力。这些影响因植物种类和作物而异。因此，Maas 和 Hoffman（1977）得出了作物耐盐响应的经验函数，将减产量定义为 EC_{ex} 的函数。这些用于制定耐盐系数的数据是在作物生长期根区土壤水分稳定且较高的条件下收集的。然而，在实际的田间条件下，土壤的湿润和干燥取决于灌溉频率，因此土壤盐分条件通常随时间和深度而变化。此外，该函数忽略了特定离子（如 Na^+ 和硼酸根）对植物的胁迫和对产量的影响，所有这些因素都限制了它们的适用性（第 8 章），但是其他更详细的信息往往较难获取。渗透

作用采用土壤水分渗透势（OP，kPa=-36×EC$_{sw}$，dS/m）定量表示，通常与土壤水分基质势同时考虑。这两者都是非生物胁迫，如图 2-1（Rengasamy，2006a）所示，以反映植物根系吸水所需的能量（kPa）与土壤含水量和土壤含盐量的关系。

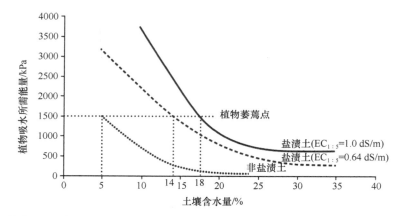

图 2-1　植物吸水所需能量与土壤含水量和含盐量（EC$_{1:5}$）的关系（Rengasamy，2006a）。

植物可以通过生理机制适应盐胁迫，例如，植物根系质外体排盐，将盐分隔离在特定的植物器官（如植物细胞的液泡），或通过渗透作用调节。育种和基因工程广泛应用于更耐盐的粮食作物培育工作中，这些方面将在第 8～10 章中进一步介绍。

2.3.3　环境

盐分除了对土壤和植物有影响外，盐碱化引起的土壤退化还可产生显著的环境和生态影响。最重要的是，土壤盐分的增加会导致原生植被消失，或将肥沃的土地变成咸沼泽，或导致荒漠化。盐分淋洗和含盐的排泄水可能会影响地下水、溪流和河流，导致砷、镉和硒等特定微量元素的浓度升高，对人类和野生动物产生毒害（Dudley et al.，2008a；Tanji et al.，1986）。将排泄水收集起来可能是个临时的解决办法，然而由于其潜在的有毒成分，最终怎样处理仍然是一个问题。有研究表明，土壤盐分升高会降低土壤微生物多样性，从而影响相关的土壤微生物过程（Rath et al.，2017；第 14 章）。

2.4　水 盐 模 型

早在 20 世纪后半叶，人们就建立了数学模型，综合考虑了水分和盐分胁迫效应，用于优化灌溉量以获得最大产量。这些早期的传统模型采用了稳态方法，假设土壤含水量和相应的盐分浓度在特定的时间（灌溉期、灌溉间隔、每日）和特定类型土壤（根系深度、土层、田块）上近似恒定。结合作物生产函数，将作物产量与不同盐分浓度的灌溉水联系起来（Letey and Dinar，1986），只要淡水的供应不受限，能有充足的淋洗水量，这种相对简单的模型方法是可以接受的。稳态模型基于质量平衡原理，土壤水分或盐分浓度随时间的变化是水或盐分流入量（降雨、灌溉）与流出量（排水、蒸发、根系吸收）之差。基于这种方法，淋洗分数（LF）定义为：

$$LF = D_d / D_i = EC_i / EC_d \tag{2-2}$$

该式说明进入土壤的盐分量必须等于排出土壤的盐分量，否则会导致盐分的累积。式中，D_d 和 D_i 分别代表排水和灌溉水的水深，D 表示单位面积土壤的水量（cm）。该方法虽然非常简单，没有考虑化学反应或作物收获带走的盐分，而且适用于很长的时间段（灌溉期或年），但这种稳态表达式可以进一步扩展，考虑作物蒸散量（ET）、土壤水分胁迫和允许的盐胁迫水平，确定可以使特定作物的盐分积累和盐分胁迫最小化的淋洗需水量（LR）（Oster，1984），可以通过将公式（2-2）中的 EC_d 替换为最大允许 EC 值（取决于作物的耐盐性）来定义。此外，假设根区的平均盐分含量不变，Hoffman 和 van Genuchten（1983）采用这种方法，通过一个简单的表达式来说明灌溉水的盐分浓度、特定作物的耐盐性和 LR 之间的关系。尽管这些简化模型提供了统一的灌溉水管理概念，但没有考虑到土壤异质性、非均匀灌溉或改进的灌溉水管理措施，而这些措施可以保持作物产量在可接受水平的同时减少所需的最低淋洗量。后来，尤其是在过去几十年里，灌溉水和盐分管理变得更加重要，随着计算机性能与相应算法的发展，运行复杂的瞬态数值模型成为可能。这些基于过程的非饱和水流模型使用 Richards 方程（例如，Simunek et al.，1999），可以模拟任何时刻土壤含水量和盐分的变化，这类模型可以考虑土壤随深度（一维）和整个农田（多维；Raij et al.，2016）的异质性，也可以用于模拟非均匀灌溉如微灌（滴灌和喷灌）。Letey 等（2011）研究表明，用稳态模型模拟越来越高效的高频微灌系统，通常会高估 LR 值和土壤盐分对作物产量的影响。

更精确的瞬态水盐模型几乎不受复杂性的限制，可以根据需要包括尽可能多的物理、化学和生物过程。但原则上，大多数盐分模型都来自土壤物理和水文模拟代码，考虑了输入数据在任何特定水平上的时空变化，而且是多维的（Minhas et al.，2020a；3.1 节）。这类模型需要求解耦合的高度非线性偏微分方程组，计算土壤水基质势和溶质势、土壤水分含量和水流通量、根系吸水量，以及溶质（盐）含量和通量、养分吸收和其他代表土壤化学和生物反应的汇项。这种模拟方法需要输入的参数远多于稳态模型，因此也带来了很大的不确定性。多维模型越来越多地被用于模拟和试验微灌系统的优化管理措施中，以便精准施用水和肥料。

Schoups 等（2005）应用区域综合水盐模型重建了圣华金河谷因灌溉农业而导致的盐分储量的历史变化。Corwin 等（2012）对稳态和瞬态盐分管理模型进行了比较，表明植物根系水分的动态吸收使植物能够忍受比现有耐盐值更高的根区盐分含量，因此瞬态模型更合适。第 3 章将会更详细地介绍各种建模方法，尤其是目前应用的建模方法，并进一步介绍其改进需求。

2.5　盐渍化管理

在（半）干旱地区，毫无疑问，灌溉和旱作农业都会发生土壤和水的盐渍化。因此，为了缓解或适应土壤盐碱化，随着时间的推移，已经制定了各种各样的管理方案，但都不能保证长期的可持续性。这种措施差异很大，取决于土壤类型、地形部位、水文地质、气候和其他当地因素，仅能因地制宜。历史上，大多数灌溉工程项目都要求有足够的淋洗能力和相应的排水能力，来防止浅层地下水上升把盐分带到作物根区，同时通过排水系统将累积的盐分排出农田。尽管强调盐分的淋洗会加剧深层地下水的盐化，而且含盐的排水所携带硒等有毒微量元素会对环境构成威胁，但由于输水设施的原因，大多数地面灌溉工程中灌溉频率较低，需加大补充深层土壤储水量，以降低两次灌溉之间的作物水分胁迫（Tanji et al.，1986）。

对于重力驱动的地面灌溉方法，如漫灌、畦灌和沟灌，必要的排水管理办法尤其重要。这些灌溉系统要求土壤表面足够平整，以确保整个农田灌溉均匀。重力驱动的灌溉对灌水量的控制有限，为了确保整个农田的根区充分湿润，往往会进行过量灌溉，因此排水必不可少。无论通过明沟还是打孔的排水管，都可以将地下水位保持在足够低的水平，以防止盐分向上运移至根区。然而，尽管较高的淋洗分数减少了土壤盐分的积累，但排水会引起下游的水质问题。此外，随着盐分的淋洗，其他施用的物质，如农用化学品和硝酸盐等肥料，会进入地下水，使灌溉管理进一步复杂化。

喷灌、地表和地下滴灌等先进的微灌系统属于加压灌溉，这类灌溉可以沿作物行进行，而且可以依据时间和空间控制水肥的施用，但需要灌溉水连续可用。加压灌溉系统经常使用抽取的地下水，会导致优质的地下水含水层日趋耗竭。通常滴灌和喷灌是高频灌溉系统，灌溉量相对较小，因此可以控制湿润区体积、根区盐浓度，并尽量减少植物根区以下的深层渗漏。例如，Taylor 和 Zilberman（2017）分析了 Tindula 等（2013）提出的加利福尼亚州 1972～2010 年灌溉系统的趋势，结果表明，采用小定额灌溉（滴灌和微喷灌）的土地面积增加了约 38%，而采用地面灌溉的土地面积减少了约 37%（图 2-2）。他们的历史分析解释了采用加压灌溉是由水价和产量增加引起的，早期用于保水性较差的土壤和价值较高的作物。

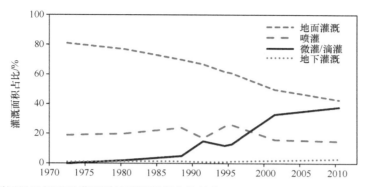

图 2-2 加利福尼亚州不同灌溉系统灌溉面积变化趋势（Tindula et al.，2013），经 ASCE 许可。

　　此外，在土壤中盐分积累的情况下，地面灌溉系统被替换为加压灌溉系统，同时为了提高收益，种植价值更高的经济作物。Hanson 等（2008）得出的结论认为，即使在浅层地下咸水条件下，这种系统也是可行的。较高的灌溉频率创造了有利的植物-土壤-水分条件，湿润根区的盐分浓度接近灌溉水，从而减小了水盐胁迫，不过盐分会在蒸发的驱动下积累在土壤湿润区之外。这种条件下积累的盐分可以通过生长季之间的降雨来降低。此外，如果土壤溶液盐分浓度不超过作物的耐盐性，则可以采用较高的灌溉频率，利用更多的咸水资源。

　　作为一种补充的灌溉水管理方案，在灌溉水有限或再次利用排出水或污水的情况下，利用微灌的方式将咸水与非咸水混灌或轮灌或许是可行的。对此类措施的考量包括增加土壤碱度和重金属浓度的不利影响时，应该考虑多种作物和土壤水分管理因素（见第 13 章）。创新型循环策略包括给农场的不同作物或在同一作物的不同生长阶段使用不同质量的灌溉水，以及它们的有序再利用。在有序再利用系统中，收集的地下排水用于一系列农田，盐分高的排水用于农场里更耐盐的作物，包括耐盐牧草。这种综合的农场排水管理系统减少了需要最终处理的排水量。在不久的将来，可以进一步推进微灌的技术包括：重力滴灌系统；可以在单个树木/藤本植物尺度或农田分区控制水肥用量的精准灌溉系统；农场尺度的脱盐技术（第 7 章）。

　　除可供选择的灌排管理方案外，可能还需要进行适应。例如，可以通过开发更多的耐盐作物种类，选择在较高土壤盐分含量下也能达到满意产量的作物或品种。如第 11 章所述，该领域的进展缓慢，需要开展更多的研究工作。土壤管理方案包括土壤复垦，如利用盐生植物去除盐分（植物修复）、在钠质土中施用石膏（化学改良）。Tanji（1990）讨论了很多此类措施，包括相应的排水处置和处理。

最近，为了推进更加可持续的解决方案，人们越来越多地采用改进的农田土壤、灌溉和作物管理方法以减少盐分积累，而不仅是寻求改良盐渍化土壤的方法（第 6 章）。为此，基于过程的数值模型的应用越来越广泛，因为它可以对盐分管理方案进行敏感性分析，进而选择最理想的方案。计算机模型结果可以与田间土壤、作物监测及水分应用控制装置相结合，以实现实时作物-水-土壤盐分管理（第 7 章）。

3 土壤盐分建模和测定

除了一般性的回顾，这里主要是介绍最新的土壤盐分建模方法和原位土壤盐分测定方法（3.4 节）。关于当前的模型发展，我们将分别介绍侧重于土壤化学（3.1 节）、植物-土壤水分的关系（3.2 节）、评估土壤盐渍化管理措施（3.3 节）的模型。

3.1 土 壤 化 学

土壤和水中的盐分主要来源于岩石的地球化学风化，将各种化学组分的盐分释放到地表水和地下水中。除了灌溉水带入的盐分，以石膏和方解石为主的土壤矿物的溶解及沉淀也是盐分控制因素，该过程受土壤 pH、碱度、土壤矿物学、CEC、有机成分（如废水）、土壤氧化还原反应、气体交换等的影响。显然，盐分的化学复杂性需要地球化学计算机模型来计算，这些模型可以与土壤水流、溶质运移和植物生长模型耦合起来。Oster 和 Tanji（1985）以及最近的 Suarez 和 Jurinak（2012）对盐渍化土壤相关的化学过程进行了全面描述。在各种现有的水文盐分模型中，综合性最强的是 HP1（Simunek et al.，2006）和 UNSATCHEM（Simunek et al.，1996；Suarez and Simunek，1997），可以模拟非饱和土壤中主要离子的化学过程和迁移过程，如 Ca^{2+}、Mg^{2+}、Na^+、K^+、SO_4^{2-}、Cl^-、NO_3^-、碱度和 CO_2。这两个模型都考虑了各种化学平衡反应，如络合、阳离子交换、方解石和石膏的沉淀溶解，也包括溶液化学对土壤水力学性质的影响。Schoups 等（2005，2006）在研究加利福尼亚州圣华金河谷的可持续性和长期区域盐平衡问题时（包括地下水盐分），使用了 UNSATCHEM 模块来评估复杂盐分的化学相关性。遗憾的是，大多数对植物生长或盐分管理影响的应用不包括特定的离子化学效应，只考虑土壤溶液总盐浓度。

我们认为这可能是未来土壤盐渍化研究的一个重要不足，因为特定离子效应可能与改进植物耐盐性评价标准（第 8、9 章）、作物耐盐育种（第 9～11 章），以及离子对土壤水力学和运移特性的影响（第 12、13 章）有关。

3.2 植物-土壤水分的关系

模拟模型常用于评估不同盐分水平对植被和土壤与大气之间水流通量的影

响。土壤水文模型考虑了渗透势和基质势对植物吸水及蒸腾的胁迫效应。Hopmans 和 Bristow（2002）定义了 I 型和 II 型植物根系吸水模型，以机理方式模拟土壤-根系系统中的水流。I 型模型基于植物-土壤系统中沿水流的水势梯度计算（Nimah and Hanks，1973）。II 型模型采用宏观水流模拟模型描述植物吸水，基于根区的土壤水分和盐分含量计算胁迫响应函数（数值介于 0～1），代表植物蒸腾量相对于潜在蒸腾量的减小程度（9.2 节）。I 型模型的主要优点是：在多维根系结构中，土体与土壤-根系界面之间的局部过程及它们的水力联系是基于多孔介质水流的基本规律模拟的，这里将植物根系组织也视为多孔材料。因此，I 型模型避免了 II 型模型中根系吸水、吸水补偿和胁迫函数的经验参数化。除了 I 型模型，Javaux 等（2008）还开发了一个瞬态数值模型，该模型考虑了精细的三维根系结构，并结合了土壤和根系系统的水流及运输过程。该模型被进一步扩展，考虑了土壤根系表面盐分的积累及其对根系吸水的影响（Jorda et al.，2018；Schröder et al.，2014）。这些模拟强调了土体和根系表面水势差的重要性，表明考虑根表面盐分的积累对于小尺度的运输模拟是必要的（De Jong van Lier et al.，2009；9.3 节）。

对于 II 型模型，经验植物水分胁迫响应函数来源于植物对根区含盐量和含水量响应的相关实验。虽然原理上比较简单，但使用这些经验函数存在一些问题。首先，经验函数是基于植物在整个生长季对平均土壤根区基质势和（或）渗透势的响应（Feddes et al.，1976；van Genuchten and Hoffman，1984），与生长季的气象条件变化无关。然而，土壤水流模型在厘米尺度、小时或更小尺度的时间步长下求解水流和根系吸水过程。在非饱和水流模型中，根据局部土壤基质势、溶质势和根系分布计算局部胁迫响应，将其组合起来作为整个植物的响应。但是，局部根系吸水量的减少，可以通过水盐条件较好的根区的吸水量增加得到补偿（Jarvis，2011；Simunek and Hopmans，2009）。另外一个问题是，盐分和水分胁迫响应函数往往是独立的。人们已经提出了不同的方法来量化联合胁迫，虽然这一直是讨论的主题，但至今仍未解决（Feddes and Raats，2004；Homaee et al.，2002b；Shani and Dudley，2001），我们将在第 9 章中进行深入讨论。最重要的是，II 型模型根据土体势能值计算宏观胁迫响应函数，而植物则是对根际土壤-根系界面的势能梯度做出响应。因此，盐分会在根际积累，从而产生不同于土体的土水势（Simha and Singh，1976）。II 型模型胁迫响应函数参数的估计可通过土壤含水量、含盐量、根系分布、植物蒸腾作用和根系生长的原位测定获得。然而，由于无法在土壤中直接测定根系吸水率，因此这些函数的参数是通过反演模拟得出的，通过这种方法优化模型参数，可使模拟变量和实测变量足够接近（Vrugt et al.，2009）。

对于基质势和溶质势相结合的胁迫，Cardon 和 Letey（1992a）比较了 I 型和 II 型模型的敏感性（另见第 9 章）。他们使用了 Nimah 和 Hanks（1973）的 I 型吸水模型，认为该模型对渗透胁迫不敏感，而 II 型模型与实验数据相比，结果更合理。

倾向于关注盐渍化土环境中植物-水分关系的模型包括 SWAT 和 ENVIRO-GRO。Feng 等（2003）使用 ENVIRO-GRO 模型模拟了玉米的相对产量，并将其与一系列采用不同灌溉水矿化度和灌溉频率的实验测定产量进行比较。Ben-Asher 等（2006）应用 SWAT 模型评估了其在模拟淡水和咸水灌溉下土壤盐分对葡萄园影响方面的表现。

3.3　盐渍化管理

许多传统的盐分管理措施都注重于确保灌溉水引入的盐分得到充分淋洗，同时保持足够深的地下水位，主要是为了减少根区盐分积累造成的作物产量损失（Ayars et al.，2012）。然而，最近的研究更多地集中在可利用灌溉水资源有限的替代方案上。最主要的是微灌系统的发展，可以精确控制灌水量和频率。例如，Hanson 等（2008）研究表明，如果管理得当，且季节性降雨足以淋洗滴灌带上方累积的盐分，地下微灌甚至可以用于相对较浅的地下水位条件（图 3-1）。Ramos 等（2019）评估了非充分灌溉条件下土壤盐分增加的威胁。在另一项研究中，Skaggs 等（2006b）研究了重复使用含盐排出水对紫花苜蓿产量的影响，举例说明了研究者近期比较关注的一个问题，即将土壤盐分模型更好地用于模拟劣质水对土壤盐分和植物生长的长期影响。Assouline 和 Shavit（2004）、Lyu 等（2019）评估了再生水的灌溉对地下水水质的影响。

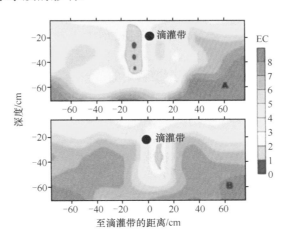

图 3-1　灌溉量对滴灌带周围土壤盐分分布的影响，图 A 为灌溉量 589 mm（约等于加工番茄的季节性蒸散量），图 B 为灌溉量 397 mm，灌溉水电导率（EC）为 0.52 dS/m，地下水电导率为 8～11 dS/m（Hanson et al.，2008）。

劣质水（如处理过的污水）除了影响土壤盐分外，一些特定的、普遍存在的离子还会与土壤基质产生相互作用。具体来说，Na^+会影响土壤孔隙分布、土壤结构，从而影响控制水流的水力特性，如土壤保水性和渗透性（Assouline et al.，2020；Assouline and Narkis，2011）。Russo（2013）对这种影响进行了模拟，结果表明，经过处理的废水中的交换性钠可能会显著降低土壤的导水率，从而影响灌溉土壤的入渗速率。详细的土壤盐渍化建模的其他需求包括对盐碱土改良的评估，如Chaganti等（2015）所述。虽然可用的土壤盐渍化管理模型很多，但应用最广泛的是HYDRUS（Simunek et al.，2016）和SALTMED（Ragab et al.，2005）。由于HYDRUS软件包有大量的资料，其建模环境得到了广泛的应用，并提供了其计算机模拟工具的多种用途，包括一维和多维代码，与UNSACHEM、PHREEQC、MODFLOW和WOFOST等模块耦合，还可以用于灌溉、盐渍化和钠质化管理措施的评估工作（https://www.pc-progress.com/en/Default.aspx?hydrus-3d）。

3.4 土壤盐分含量的测定

许多点位尺度传感器可用于原位测定土壤盐分含量。每种传感技术都有其优缺点，新的成果总是不断推向市场，减少技术和经济上的障碍，以获得更加经济高效的应用。Hendrickx等（2002）、Corwin和Yemoto（2017）都对此做了全面的介绍。几乎所有的土壤盐分传感器，其土壤或溶液的EC都是通过电阻（DC）或阻抗（AC）来确定的。

吸杯可以直接采集土壤溶液，这种方法广泛用于农业和环境研究，假设样品的化学成分即为吸杯位置土壤孔隙水中溶质的组成。土样的饱和浸提液（或更高稀释度）常常用于测定土壤水EC_{sw}（2.2节）。大多数其他方法测定的是土体EC_b，这是土壤体积含水量（θ）、EC_{sw}、土壤特定的传输系数和土壤表面电导率（EC_s）的函数。为了说明它们之间的关系，我们列出了Rhoades等（1976）的模型，土体和溶液电导率之间的关系如下：

$$EC_b=c_1EC_{sw}\theta^2+c_2EC_{sw}\theta+EC_s \qquad (3\text{-}1)$$

式中，c_1、c_2和EC_s是土壤特有的，通常需要通过EC_{sw}和θ的田间实测值对该表达式进行校准，从而可以通过土体EC测定值确定土壤溶液EC_{sw}。

电阻法通过在土壤中插入电极引入电流，测定其他同列电极的电位。根据土壤电阻，EC_b由已知电池常数计算得出，该常数取决于电极的构造和间距。温纳四电极法广泛用于各种电极构造，包括点尺度的土壤电导率探头，以选定的间隔插入土壤，可以手动或自动读数，或者与全球定位系统（GPS）结合后通过牵引机牵引以获取田间尺度土壤盐分信息的探头。农田尺度土壤盐分的监测也可以采用电磁感应（EMI）。通过这种非破坏性的方法，交流电流通过传输线圈，产生的电磁场诱导出微小的电流圈，其大小取决于土壤电导率。这些微小的电流产生次级磁场，通过接收线圈测定其电压。EMI 和温纳阵列探头有一个显著优点，即可以通过改变电阻器或线圈配置来改变测定的代表性深度间隔。

另外，有的传感器基于土壤介电常数的测定（Corwin and Yemoto，2017），如时域反射计（TDR）和电容传感器，主要用于测定土壤湿度，但也可用于土壤电导率的测定。在 TDR 中，电压信号沿着一组插入土壤的波导管传播，土壤湿度（θ）和盐分（EC）都会影响反射波的形状、持续时间和大小。电容式土壤盐分传感器基于复介电常数虚部进行测定。TDR 和电容传感器都要求土壤和传感器探头之间有良好的接触，没有空隙。

采用地球物理方法可以对土柱至田间尺度的三维土壤性质，以及相关的水流和运输过程进行非破坏性成像。利用电阻率层析成像（ERT）等电学方法，可以非破坏性地获得土壤电导率的空间分布图像。ERT 方法基于与上述温纳阵列相同的原理，但是由大型电极阵列组成，且基于直流或低频交流电。如式（3-1）所示，土体电导率与含水量密切相关，因此 ERT 也可用于绘制根系水分分布。通过数值模型计算产生的电流，经过模型反演后绘制土壤电阻分布图，进而确定土壤电导率或其他土壤特性。然而，这种重构存在非唯一性的问题。将 ERT 数据反演与基于过程的水盐模型相结合，反演过程模型参数，而不是土体 EC_s 的空间分布。通过这种方式可以改进该方法（Hinnell et al.，2010）。Furman 等（2013）和 Vanderborght 等（2013）详细介绍了 ERT 的应用。

蒸渗仪是精确计算水和溶质平衡的工具，成功地用于研究和指导土壤改良、施肥或劣质水灌溉的决策（Raij et al.，2016）。在一定条件下，例如，在干旱气候下用高含盐量水灌溉时，经常会发现固定的时间段内蒸渗仪中土壤储水量的变化非常微小，因此只能通过灌溉和排水来计算水平衡（Tripler et al.，2012）。如果将蒸渗仪数据用于劣质水灌溉的盐分管理，就需要获取排水量或排水浓度（式 2-2）。排水量可用于估算作物蒸散量，而排水电导率可用于计算实际的 LF（Raij et al.，2018）。这种蒸渗仪数据在为水培和采用水循环系统的温室制定决策时非常有用。

4 重点 1：盐渍化土壤制图的需求

4.1 引　　言

全世界大约 25%的耕地需进行灌溉（Nachshon，2018），占世界淡水总用量的近 80%，生产全世界 40%的农作物和 80%的坚果、蔬菜。此外，据联合国粮农组织估计，3000 万 hm² 旱地农业受到盐渍化影响。人为导致的盐渍土约为 7600 万 hm²，其中进行灌溉的约为 4500 万 hm²。然而，最新的全球盐渍化土壤信息还得追溯到 20 世纪的八九十年代。

4.2 回　　顾

尽管盐碱土分布广泛，并且越来越多地被列为世界粮食安全的主要威胁，但广泛使用的核心数据仍然来源于 20 世纪 70 年代的土壤图（Abrol et al.，1988；FAO-UNESCO，1980）。据此得出的全球土壤退化评估（GLASOD）首次尝试颁布了人类引起的全球土壤退化状况图（UNEP，1992）。该图比例尺为 1∶1000 万，基于专家判断确定了自然地理单元，其中描述了退化的类型、程度、范围、速率和主要原因。四个土壤退化类别分别是由养分和（或）有机质流失、盐渍化、酸化和污染定义的化学退化。GLASOD 图主要作为政策制定者了解地区情况的指南，而不是一种高度精确的技术产品。

GLASOD 数据表明，全世界约有 10 亿 hm² 的土壤受到盐渍化影响。这一结果和其他已有的估计表明，约有 4.12 亿 hm² 的土地受到盐质化影响，6.18 亿 hm² 的土地受到钠质化的影响（Oldeman et al.，1991；UNEP，1992），但这些数字没有区分同时受到盐质和钠质化影响的区域。据估计，次生盐渍化面积在 45～80 Mhm²，约占所有灌溉土地的 20%～30%，占全球盐渍化面积的 5%～10%，其中约一半位于印度、巴基斯坦、中国和美国四个国家。全球灌溉面积约为 300 Mhm²（FAO and ITPS，2015；Ghassemi et al.，1995）。此外，估计有 2%的旱地农业（15 亿 hm²），相当于约 3000 万 hm² 的土地受到盐渍化影响。多个报告都使用了类似的盐渍土范围数据（如 Ghassemi et al.，1995；Shahid et al.，2018；Szabolics，1989），指出 25%～30%的灌溉土地受盐渍化影响，世界上 10%的耕地受土壤盐质和（或）钠质化影响。Shahid 等（2018）提供了一份关于盐渍土的最新区域报告，报告中指出全球受盐分影响的土壤面积为 4500 万～7700 万 hm^2。目前尚不清楚这些数据是否还包括因盐渍化而永久丧失的农用地面积，估计为 7600 万 hm^2（IPBES，2018）。尽管盐渍化土壤分布广泛，分布在 100 多个国家，但缺乏其全球范围的最新统计数据。

4.3 现　状

为了支持粮食和水资源安全、经济发展和资源保护相关国家战略的制定，关于全球退化的土壤信息有必要进行更新。为此，开发了统一的世界土壤数据库（FAO/IIASA/ISRIC/ISSCAS/JRC，2012），以改进 FAO-UNESCO（1980）土壤图。新的土壤图由 15 000 多个不同的土壤制图单元组成，这些单元综合了全球最新的区域和国家土壤信息，但主要还是基于过去的 FAO-UNESCO 世界土壤图（FAO-UNESCO，1980）。盐渍化土壤分布图，可从世界土壤数据库（http://www.fao.org/soils-portal/soil-survey/soil-maps-and-databases/harmonized-world-soildatabase-v12/en/）获取。随着城市不断扩大和农村人口不断增长，这些更新的信息可用于规划相应的土地利用变化，以及遏制因侵蚀、污染、盐碱化及生物多样性丧失而导致的土地退化。

最近，联合国粮农组织通过政府间土壤技术小组（ITPS）发布了《世界土壤资源状况》（SWSR）报告（FAO and ITPS，2015），旨在作为全球土壤资源状况的参考文件，支持土壤变化的区域评估研究。它还包含一份供决策者参考的综合报告，其中总结了调查结果、结论和建议。SWSR 报告指出，未来全球盐渍化土壤可能快速增加，并估计目前每年有 0.3～1.5 Mhm^2 的农田因土壤盐渍化问题而弃耕。SWSR 报告还指出，目前约有一半盐渍土的生产潜力正在进一步降低。据估计，盐渍农用地每年的经济损失约为每公顷 440 美元。

目前可用的土壤图仍然是过时的，而且过于粗糙，无法预测土壤盐渍化的趋势。全球盐渍化状况的估计需要结合不同的区域估计，但是这些估计不一定是匹配的。值得注意的是，不同文献来源的百分比差异很大。全球不同国家和地区通常采用不同的土壤分类系统，对于盐质土或钠质土的定义各不相同，从而改变了受盐分影响的土地面积。因此，我们需要一个普遍适用的、统一的盐渍化土壤分类系统。收集准确的、最新的信息对于制定遏制全球和不同区域土壤盐渍化的政策至关重要。最近，联合国粮农组织通过全球土壤伙伴关系或 GSP（Omuto et al.，2020）发起了更新和统一全球盐渍化土壤制图，并利用现有的国家层面数据绘制土壤 EC、SAR 和 pH 图。

4.4 展　望

土壤盐渍化程度的加重和面积的增加对全球农业生产构成了严重的威胁，土壤退化危及世界粮食安全。目前唯一一个覆盖全球范围的盐渍化土壤数据库是世界土壤数据库（HWSD），但已经过时，在评估土壤盐分变化及其区域范围时存在一些局限性。除了少数以国家为重点的报告外，关于世界盐渍化土壤变化程度的信息有限。因此，我们建议采取措施进行新的评估。

有多种证据表明，盐渍化土壤的面积正在增加，而且盐渍化程度变得更加严重。关于这些趋势的信息极为重要，因为全球和各个国家正在制定土地利用政策，以推进可持续发展目标（https://www.un.org/sustainabledevelopment/sustainable-development-goals/），并缓解和（或）适应气候变化（IPCC，2019；https://www.ipcc.ch/srccl/）。此外，受盐分影响的灌溉土地的面积不确定，根据数据来源的不同，浮动范围为 25%～50%（Shahid et al.，2018）。

由于气候变化等原因，土壤盐渍化问题可能正在加剧。气温升高增加了土壤蒸发量和作物需水量，加剧了盐渍化区的盐碱化程度。尤其是沿海地区，海平面上升将更多的咸水推向沿海含水层，提高了地下水的盐分浓度，进而增加了土壤盐碱化的风险。此外，极端风暴和海啸可能会引起海水泛滥，导致咸水渗入土壤并污染地下水资源（Illangasekare et al.，2006）。Corwin（2020）在分析气候变化对土壤盐渍化过程的影响时指出，气候变化的后果被忽略了，需要监测和绘制盐渍化土壤程度（等级）的变化图，同时指出近距离和远程传感器都是及时实现这一目标的最佳方法。

盐渍土面积不断扩大的另一个原因与劣质水灌溉的增加有关，这是因为淡水资源减少，鼓励使用处理过的废水或低盐分浓度水进行灌溉。此外，将优质农用地转变为住宅区，导致了更多边际土地用于栽培作物，从而增加了土地退化的可能性。同时，淡水资源的减少促进了滴灌和喷灌等更有效的灌溉方法的发展，进而减少了冬季降水有限的地区土壤中累积盐分的淋洗。然而，随着人口的增长，为了满足人类对营养食品的需求，人们可能会期望灌溉面积进一步增加，尤其是在淡水资源充足的地区。最后，盐分会在持续灌溉的长期过程中积累，从而随着时间的推移进一步产生更多的盐渍化易发区。

卫星影像、土壤特性图、其他地表资料和先进的数据分析方法（如机器学习方法）可用于绘制通用的全球盐渍化土壤图（第 5 章）。最近，Ivushkin 等（2019）得到了国际土壤参考和信息中心（ISRIC，荷兰瓦赫宁根）的支持，给出了基于这种方法的一个案例。他们利用 Landsat 卫星的热红外影像数据，共制作了 1986 年、2000 年、2002 年、2005 年、2009 年、2016 年的 6 张土壤盐分图。他们的研究清晰地展示了这 20 年中的变化趋势，表明全球盐渍化土壤面积从 9 亿 hm^2 左右增加到了 10 亿 hm^2，年增长约为 200 万～500 万 hm^2（图 4-1）。他们所采用的方法存在一些局限性，例如，需要更高的空间分辨率、缺少数据的区域需要更多的地面真实数据、因植物耐盐性变化而产生的温度响应的不确定性，以及机器学习方法的改进。

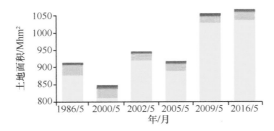

图 4-1 1986～2016 年受盐分影响的土地面积（Ivushkin et al.，2019）。

小结： 土壤盐渍化对环境、淡水资源和农业生产有重大影响。我们所掌握的盐渍化土壤图已经过时，而且不同地区或国家之间不统一。需要更新土壤图来量化反映土壤盐渍化动态，并为国家层面和新的国际政策策略的制定提供信息，以保护土壤免受进一步盐渍化的影响。

我们迫切希望优先开发相应的遥感设备，为未来卫星在全球范围内监测土地退化的时空变化（包括土壤侵蚀和盐渍化）提供支撑。

5 重点 2：利用遥感监测和制作盐渍化土壤图

5.1 引　　言

为了清查管理土壤资源，需要对农业区的盐渍化土壤进行调查和监测，确定盐渍化的趋势和驱动因素，并判断改良和保护方案的有效性。由于无法在大面积范围内直接测定根区 EC_{ex}（第 3 章），大多数区域尺度的盐渍化评估研究都集中在获取土壤盐分的替代措施上，如航空摄影和卫星遥感（RS）。尽管在几十年前就已经开发出了盐分的远程监测技术，但在盐渍化监测项目中并没有得到广泛应用，迄今为止取得的成果有限。然而，过去 20 年间方法和技术的进步表明，一般情形下利用遥感监测农业盐渍化是可行的。

盐分的远程监测方法有间接法和直接法。间接法是根据作物生长和健康状况推断根区盐渍化水平，通常由冠层光谱反射率或热成像数据表征。健康叶片和受胁迫叶片的某些可见光或红外光谱反射率通常不同（Carter，1993）。因此，如果可以建立根区 EC_{ex} 和光谱响应之间的相关性，就可以开发回归或分类器模型来量化、标记遥感图像中的土壤盐渍化程度。

直接法根据表层盐分和结皮的反射特性监测裸地的盐渍化程度。由于可见光在盐分覆盖区域反射率较高，可以区分有无表层盐分的景观剖面。在盐分覆盖区域内，由于盐分丰度、矿物、水分、颜色、表面结皮和粗糙度对反射率的影响，盐分水平和种类可能会有所不同（Mougenot et al.，1993）。直接法有助于评估盐沼和其他高盐、非农业景观，追踪监视旱地牧场和草原中荒芜（光秃）、盐斑地块的扩展及动态变化情况（Furby et al.，2010）。然而，农业区有大量植被，该方法不适用。因此，我们重点关注土壤盐分的间接遥感监测方法。

5.2 回　　顾

到了 20 世纪中叶，航空摄影和影像分析被视为清点作物、监测病害的手段（Colwell，1956）。当时还没有便携式或机载光谱反射仪，但是在实验室对不同胁迫状态下的叶片组织进行测定，可以揭示特定作物和发育阶段对叶片健康变化最敏感的光谱范围。然后，使用适当的胶片和滤光片组合，制作对识别出的光谱范围敏感的航空照片。通过对航空影像的分析，区分健康植物和患病植物的区域。

Myers 等（1963）首次将作物的航空影像与根区盐分联系起来。Myers 等（1963）在得克萨斯州棉田，通过使用红外胶片和暗红色滤光片（在 675～900 μm 波段敏感）的航空照片，发现 0.3～1.2 m 土层中的盐分含量可能与棉花叶片的光谱反射率有关。在随后的一篇论文中，Myers 等（1966）提出可以区分 5 种盐分含量水平，并以合理的精度估计土壤剖面的盐分含量。研究还发现，利用红外辐射计测定的叶片温度能够以合理的精度预测土壤盐分含量水平。

Thomas 等（1967）更详细地研究了受盐分影响的棉花叶片的光谱反射率，并发现它们在生长季内发生了变化。在大多数波长下，单个叶片的反射率在早期与盐分含量呈负相关，在后期与盐分含量呈正相关。航空影像密度值多元回归分析表明，在田间条件下，反射率受土壤盐分含量和地表覆盖率的影响。

1972 年，陆地卫星计划和第一颗陆地卫星的发射激发了人们对利用多光谱卫星图像进行自然资源管理的兴趣（Westin and Frazee，1976）。早期利用航天器探测盐分的案例包括：根据"阿波罗 9 号"上拍摄的照片识别加利福尼亚州帝王河谷的盐滩（Wiegand et al.，1971）；使用 Skylab 卫星图像区分得克萨斯州南部的盐渍化和非盐渍化草原（Everitt et al.，1977）。Metternicht 和 Zinck（2003）的综述涵盖了这一时期在直接观测可见表层盐分方面取得的进展。

随着卫星和其他平台的多光谱反射率数据越来越多，从 20 世纪 70 年代开始，普遍使用植被指数量化多波段冠层反射率，如归一化植被指数 NDVI=(NIR–R)/(NIR+R)，其中，R 和 NIR 分别是可见红光波段和近红外波段的光谱反射率。Wiegand 等（1992）利用 SPOT-I 卫星的影像数据，评估了得克萨斯州一个受盐渍化影响的灌溉棉田中 NDVI 和绿色植被指数（GVI）与植物生长和产量的关系。后来，Wiegand 等（1994）利用多个镜头滤光片的机载摄影图像，测定了加利福尼亚州圣华金河谷（SJV）四个棉田的 NDVI 和 GVI。采用以 NDVI 和 GVI 为预测变量的回归方程估计盐分含量，每个田块约 10 万像素。

5.3 现　　状

在过去 20 年中，遥感数据的可获得性、各种传感器和平台的性能及遥感应用稳步提升。即使有了改进的技术，间接盐渍化监测方法依然有个重要问题，即单一图像通常无法将盐分引起的作物胁迫与天气、病害虫和水管理等其他胁迫区分开来。Lobell 等（2007，2010）通过评估多年数据解决了这一难题，即假设土壤盐分相比于其他更短暂的胁迫因子是相对恒定的。Lobell 等（2007）发现，使用 6 年的反射率数据极大地提高了盐分含量与小麦产量之间的相关性，而 Lobell 等（2010）利用卫星 MODIS（中分辨率成像光谱仪）数据得出 7 年平均增强植被指数（EVI），成功地评估了区域尺度的盐渍化程度。Caccetta（1997）和 Furby 等（2010）

也使用了多时相数据来改进土壤盐渍化程度分类。同样，Zhang 等（2015）使用插值和综合的植被指数时间序列数据作为解释变量，而不是分析单日数据。Whitney 等（2018）将相同的综合指数方法应用于 SJV，发现多年数据进一步提高了与土壤盐渍化水平的相关性。

将环境协变量作为回归方程和分类器中的附加预测变量也可以提高准确性（Caccetta，1997；Furby et al.，2010；Taghizadeh-Mehrjardi et al.，2014）。Scudiero 等（2015）利用空间降水和温度数据、作物类型数据和多时相 Landsat 7 ETM+冠层反射率数据，建立了估算土壤盐分含量（以 EC_e 表示）的线性回归方程。他们使用 22 个田块的数千个 Landsat 7 像元（分辨率为 30 m）的数据校准了模型，这些田块都有可用的地面真实盐分数据（Scudiero et al.，2014）。对于每个 30 m×30 m 的 Landsat 像元，利用结合了绿、蓝、红和近红外波段的光谱反射率的冠层响应盐分含量指数（CRSI），模拟了 6 年间的平均根区（0～1.2 m）EC_e。

Ivushkin 等（2017）没有使用光谱反射率，而是使用卫星热成像技术评估了乌兹别克斯坦半干旱盐渍化土壤的种植区土壤盐分含量。他们发现，土壤盐分含量和冠层温度之间的相关性因时间而异，9 月棉花的相关性最强。热成像方法也被应用于更大的区域（Ivushkin et al.，2018）和全球尺度（Ivushkin et al.，2019）。

5.4 展　望

盐渍化遥感技术已经不再处于概念验证阶段，但很少有盐渍化监测项目利用卫星遥感。其中一个例外是澳大利亚国家旱地盐渍化项目（https://landmonitor.landgate.wa.gov.au/info.php）中的土地监测仪，用于跟踪监测西澳大利亚的土地盐渍化。然而，还需要进一步的研究以确保 RS 对于更广泛的应用来说有足够的精度和成本效益。我们认为有以下几个优先研究方向。

5.4.1 数据整合

利用卫星影像，在空间、时间、光谱和辐射分辨率之间权衡。用于间接远程盐分监测的卫星和仪器包括 Landsat 7 ETM+（分辨率 30 m，重复周期 16 天，8 个波段，8 bits）和 Aqua/Terra MODIS（分辨率 250～1000 m，重复周期 1～2 天，36 个波段，12 bits）。最新的、长期运行的开放式卫星平台（如 Landsat 8、Sentinel-2）提高了成像能力，而 WorldView-3 等商业卫星的空间分辨率接近 1 m。如何整合这些不同平台和技术的数据需要进一步研究，因为每个平台和技术都可能捕获对盐渍化监测来说重要的信息。冠层热图像可能包含光谱反射图像中未发现的信息。高的时间分辨率很重要，因为光谱和热响应随物候阶段而变化。高的空间分辨率也很重要，因为盐分通常在很短的距离内变化很大。然而，最好的分辨率不一定是最优的，因为遥感数据和土壤性质之间的相关性可能在较粗的分辨率下最高。例如，Scudiero 等（2017）利用 WorldView-2 卫星数据对 34 hm² 休耕地的盐渍化程度相关性进行了研究，并得出多时相最大 EVI 与土壤盐渍化程度之间的相关性在约 20 m 的分辨率下最强。未来的研究应该开发多空间、多时相、多传感器的数据分析方法，以提高准确性（Wu et al.，2014）。

5.4.2　作物特定信息

研究应优先考虑集成作物特定数据的回归和分类器模型。光谱和热对盐分胁迫的响应因植被类型、生长阶段而异，但很少有遥感盐渍化模型使用特定的作物数据。也有例外，例如，Scudiero 等（2015）使用耕地数据层（Han et al.，2012）将种植状态（休耕或种植）纳入他们的模型；Zhang 等（2011）探究了在区域盐渍化评估中纳入作物特定反射特性的可能性。未来应该探究将作物类型和生长阶段作为预测变量的相关情况。

有两类作物采用间接遥感法时存在困难，例如：耐盐盐生植物（第 10 章），果园和葡萄园的植株（Scudiero et al.，2016）。盐生植被使图像分析变得复杂，这是因为大多数农作物的盐分响应函数是单调递减的，而盐生植物在中等盐渍化水平下实现最大生长（Scudiero et al.，2015；Zhang et al.，2015）。虽然大多数真正的盐生植物几乎没有农艺价值，但人们对其作为生物质燃料越来越感兴趣。在盐渍化遥感研究中，大多不考虑果园和葡萄园，例如，Scudiero 等（2017）绘制的圣华金河谷西部的盐分图仅涵盖了条播和大田作物，这是因为果园信息不足（图 5-1）。

5.4.3　高光谱影像

在遥感研究中，多波段植被指数一直是衡量冠层反射率的主要指标。然而，由于可以同时分析数百个波段，高光谱影像可能提供更多的作物状况信息。Zhang 等（2011）在盐渍化评估工作中研究了高光谱反射率，但该问题的研究仍相对较少。因此，还应鼓励采用或开发盐渍化监测传感器技术，如太赫兹辐射光谱仪（Browne et al.，2020）。

5.4.4　环境协变量

将环境协变量纳入回归和分类器模型可以提高准确性。研究重点应该放在开发和验证更高分辨率的协变量数据库上。Scudiero 等（2015）在其回归模型中加入了土壤质地，但没有发现改善，这是因为质地数据的空间分辨率不足。另外，

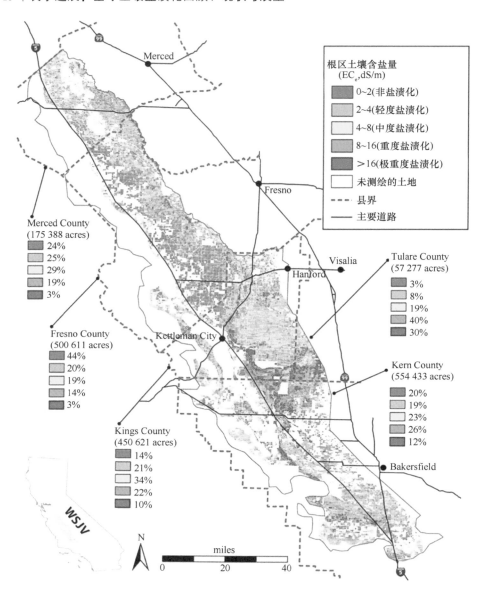

图 5-1 圣华金河谷西部农业土壤根区（不包括果园）盐分遥感估算（Scudiero et al.，2017）。
Merced，默塞德；Fresno，弗雷斯诺；Visalia，维塞利亚；Hanford，汉福德；Kettleman City，凯特尔曼市；Merced County，默塞德县；Fresno County，弗雷斯诺县；Kings County，金斯县；Tulare County，图莱里县；Kern County，克恩县；Bakersfield，贝克斯菲尔德；acres，英亩，1 英亩≈4046.86 m²；miles，英里，1 英里≈1.609 km。

盐分含量较低时对作物生长的影响很小，高分辨率协变量数据可能会改善低盐渍化水平下的盐分含量预测。最近，一些大陆和全球尺度的数字土壤图已经完成，如 SoilGrids250m（Hengl et al.，2017）、SoilGrids100m（Ramcharan et al.，2018）

和 POLARIS（Chaney et al.，2019）。这些数据库的分辨率分别为 250 m、100 m 和 30 m，有可能提供了丰富的协变量数据来源。当然，必须针对不同区域评估其准确性。

　　小结： 通过遥感对土壤盐渍化程度进行常规监测是可以实现的。研究人员和资助机构应优先发展以下三个方面：①多时相、多尺度、多手段的数据分析渠道，整合可用的卫星数据并充分提取盐渍化水平信号；②冠层和盐渍化遥感新技术；③高分辨率的协变量和地面实测数据库。

6 重点 3：提高土壤盐渍化管理措施水平

6.1 引　　言

用含盐量高的水灌溉需要专门的管理措施，以减轻作物根区的盐分积累，最大限度地减少作物减产和相关的经济损失，并减轻土壤退化。此外，盐化-钠质灌溉水会导致土壤团聚体破碎，进而引起黏粒膨胀和分散，导致土壤结皮、孔隙度和渗透性降低，尤其是在降雨或低盐化水灌溉后（Rhoades et al.，1992）。使用优质灌溉水导致土壤渗透性降低、造成碱化土的进一步退化早有记载（图 6-1）。我们将讨论灌溉项目中提高土壤盐渍化管理措施的历史演变，以及过去几十年中土壤盐渍化管理策略的变化。

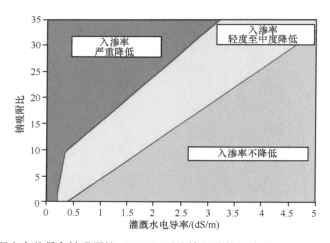

图 6-1　灌溉水含盐量和钠吸附比（SAR）对土壤入渗的影响（Pedrero et al.，2020）。

6.2 回　　顾

早期，随着灌溉工程的发展，人们普遍认识到，必须在农场尺度和流域或灌区尺度上解决土壤盐渍化问题。在农场尺度上，研究重点是尽量减少根区土壤盐分积累的农艺和工程措施，而在流域或区域尺度上，研究重点是输水和排水的工程结构。在我们的综述中将只关注农场尺度，尽管我们认识到，当区域缺乏足够的排水设施时，除了少数例外（Gill and Terry，2016），土壤盐渍化问题将持续存在，最终将导致文明的消亡和土地的废弃（Hilgard，1886；Wichelns and Qadir，2015）。我们还注意到，大多数灌溉工程都是为地面灌溉而设计的，通过重力（沟灌和畦灌）淹没农田，通过过度灌溉确保整个农田获得足够的水量，同时满足年度淋洗要求（2.4 节）。然而，这导致全球地下水位上升，对排水的要求也进一步提升。同时，当灌溉水供应有限时，如在干旱期，这些浅的地下水位也可能是有益的（Grismer and Gates，1988）。Ayers 等（2006a）列出了评估作物原位利用浅层地下水是否合适的主要标准。

为了防止盐分在根区积聚，农艺学方面建议灌溉量超过作物蒸散量。过量的水分通常被视为淋溶需求，保持农田盐分平衡，使土壤盐分含量水平不超过作物的耐盐性（2.3 节）。在淋洗不足以防止根区盐分积累的情况下，可以选择耐盐作物。

在钠质土上，可通过耕作和更高频率的灌溉进行苗床的准备，以减轻表面结皮的影响，并促进植物群落的建立。然而，耕作导致的犁底层可能会减小土壤的渗透性。为此，可采用深耕打破犁底层，增加深根区的淋洗和土壤蓄水量（Rhoades et al.，1992）。其他土壤盐渍化管理策略包括将黏土层与下方的砂土混合，从而提高淋洗效率，或创建人工地下阻隔层（Ityel et al.，2012，2014）。

漫灌虽然因其淋洗优势而适用于咸水灌溉，但通常会导致土壤结皮和土壤通气性等问题。使用沟灌可以缓解这些问题，但是因为沟灌仅使部分土壤表面湿润，从而容易使盐分积累在苗床中。为此，每年需要在幼苗建植前或期间，通过漫灌或喷灌淋洗浅根区的盐分。

化学改良剂可以使钠质土中过量的交换性钠（Na^+）被钙替代（ESP，2.2 节），以改善土壤渗透性能（图 6-1）。除石膏外，其他改良剂还包括氯化钙、硫黄和石灰。添加此类改良剂后，通常会进行灌溉淋洗，将钠离子和其他产物淋洗出根区。

土壤调理剂也可用于盐化-钠质土的管理，尤其是在钠化度较高的土壤中育苗或采用钠吸附比较高的灌溉水时。据报道，硫酸盐木质素等土壤调节剂可提高土壤团聚体的稳定性和渗透性，并防止结皮的形成（Rhoades et al.，1992）。此外，可以在劣质水灌溉的盐碱土中使用有机肥，因为有机肥可以促进土壤团聚，增加土壤渗透性。有机肥在分解过程中释放二氧化碳和有机酸，从而降低土壤 pH，而较低的 pH 可以促进 $CaCO_3$ 溶解，增加土壤 EC，且 Ca^{2+} 取代交换性的 Na^+ 也可降低 ESP 值。

6.3　现　　状

在过去几十年里，灌溉技术、灌溉水源和种植制度发生了重大变化。此外，公众对环境问题及其法规的认识也有所提高。因此，土壤盐渍化管理也在发生变化。

6.3.1 淋洗

淋洗仍然是防止根区盐分积累的有效管理策略。然而，最近的研究表明，几十年前（Hoffman，1980）制定的土壤盐分淋洗要求是基于稳态条件的，后来开发的瞬态模型（2.4 节）改进了农业系统中复杂物理-化学-生物动力学过程的预测（Letey et al.，2011）。他们认为，当前的指导标准高估了淋洗需求（LR），尤其是在 LR 较低的情况下。最重要的是，给定深度的盐分浓度并不像稳态模型所假设的那样恒定不变，而是随着水分的增加或植物吸收而不断变化。此外，在季风条件下，雨水将累积的盐分向下淋洗，并在生长期恢复根区优质的土壤水环境，从而进一步降低稳态模型计算的 LR（Minhas，1996）。近地表累积的盐分被灌溉水"冲洗"，使盐分向下移动并减小给定深度的盐分浓度。因此，高频灌溉条件下，灌溉后近地表的盐分浓度将接近灌溉水中的浓度。这些发现表明，灌溉量可以减少，更多的咸水和劣质水（排水、再生水）可能用于灌溉。这些结果得到了 Corwin 等（2007）、Corwin 和 Grattan（2018）的证实。此外，Hanson 等（2008）通过田间试验和瞬态数值模拟研究表明，即使在灌溉量小于潜在作物蒸散量的情况下，滴灌系统因为仅湿润部分土表，其周围也会发生局部淋洗作用。

6.3.2 非充分灌溉（DI）

DI 是指灌溉量低于潜在作物需水量的灌溉。部分根区干燥和调亏灌溉等用于节水和提高水分生产率，但是当年 LF 值小于 1 时，会增加土壤盐分。Aragüés 等（2014）开展了 5 年的桃树田间试验，结果表明，这种盐分的增加可以被非灌溉季高 LF 的淋洗抵消，并被证实在其研究区域的气候条件下是可持续的。然而，在一项采用劣质水的类似研究中（Aragüés et al.，2015），结果表明长期使用中度咸水会增加土壤盐分，除非在非灌溉季使用大量的灌溉水。显然，DI 的长期结果将在很大程度上取决于作物耐盐性和气候条件（Dudley et al.，2008b）。

6.3.3 作物选择

选择耐盐作物依然是利用劣质水灌溉盐碱土条件下的一个简单策略。例如，在圣华金河谷西部，棉花已被开心果取代，开心果既耐盐，又是一种高价值的特色作物。然而，一般来说，既耐盐、价值又高的作物选择并不多，因为大多数水果和蔬菜往往对盐分敏感，如生菜和草莓。随着多年生木本作物在加利福尼亚州的种植面积不断扩大，硼离子和氯离子对其毒害的情况越来越频繁。通常，硼紧密吸附在土壤颗粒上，因此淋洗硼需要的水量要多于其他盐分（Hoffman and Shannon，2006），且不同物种和砧木对硼的耐受性不同（第 8 章）。据报道，灌溉水中的硼浓度超过 0.5～0.75mg/L 会降低植物生长速率和产量（Grattan and Oster，2000；第 10 章）。与硼不同，氯化物很容易随土壤水分移动，被植物根系吸收，转移到地上部，并在叶片中积累。如果采用氯化物含量较高的灌溉水进行喷灌，可能会导致叶片损伤（Grattan et al.，1994），并在炎热的气候下减少产量。减少叶片损伤的措施包括：①在夜间或清晨蒸发速率较低时进行灌溉；②降低灌溉频率，增大灌溉量（Hoffman and Shannon，2006）。

6.3.4 灌溉系统对土壤盐渍化管理的影响

根区土壤盐分状况因特定灌溉系统的水分分布模式而异。在过去 20 年中，从地面灌溉到加压灌溉系统的转变非常迅速，尤其是加利福尼亚州等地的滴灌（2.5 节）。滴灌采用率的快速增加，一方面是由于其已证实的提高生产力和水分利用效率的能力，另一方面是由于政府的激励。

地面灌溉系统仍然是世界上使用最广泛的灌溉方式。地面灌溉自动化和实时数据分析的最新进展表明，澳大利亚和美国加利福尼亚州的水资源利用效率有所提高（Bali et al.，2014；Koech et al.，2010）。将灌溉水均匀地分布在整个农田中，可以减少淋洗盐分的灌水量。传统上，漫灌等地面灌溉系统的淋洗效率通常低于微灌系统，因为在土壤饱和状态下，大量的灌溉水通过大孔隙，从而无法淋洗土壤基质和团聚体内小孔隙中的盐分。然而，自动化闸门和 SCADA（监控和数据采集）控制系统现在可以让漫灌系统实现像加压灌溉系统一样的淋洗效率。

使用咸水灌溉时，微灌系统通常是首选，它们已成功用于世界上许多存在盐碱问题的果园、葡萄园和蔬菜种植园，包括澳大利亚、以色列、美国加利福尼亚州、西班牙和中国。微灌系统适宜性广，因为采用高频灌溉，防止了土壤干旱，使土壤溶液盐分浓度接近于灌溉水，尤其是在根系密度最高的灌水器附近（图 6-2）。微灌系统周围的盐分分布取决于系统类型，但是地面滴灌条件下盐分通常积累在湿润体的边缘，而对于喷灌系统，盐分浓度通常随土壤深度增加而增加。地下滴灌条件下，随着根系吸水和蒸发作用的进行，水分从滴灌器周围的湿润土壤处通过毛细管作用向上运动，从而导致盐分积累在土壤表面（Roberts et al.，2009）。当季节性降雨不足以淋洗土壤近地表的盐分时，可以采用播前漫灌或喷灌，作物更茬换季时改变播种行，或每隔几年更换滴灌带时变换其位置（Hanson and May，2011）。

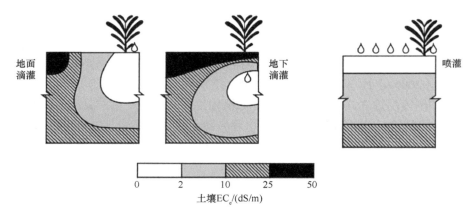

图 6-2 地面滴灌、地下滴灌和喷灌条件下的盐分分布。引自 Hoffman，J.G.，Shannon，M.C.，2006. Salinity. In：Microirrigation for Crop Production. Elsevier Science，131–161。

然而，圣华金河谷果园的有关案例表明，滴灌系统周围的盐分会限制根区的体积，从而限制养分的吸收，尤其是氮。剩余的氮最终由于过度灌溉或冬季补给渗入地下水，导致地下水质量的恶化。Vaughan 和 Letey（2015）通过模型模拟研究讨论了土壤盐分胁迫与水分和硝酸盐施用之间的复杂关系。Libutti 和 Monteleone（2017）提出，土壤盐渍化管理势必会增加 N 的淋失，最好的办法应该是优化灌溉量，既能降低土壤盐分，又能避免或尽量减少地下水 NO_3^- 污染。他们建议将灌溉和施肥"脱钩"。缓解盐分-N 矛盾需要因地制宜采取养分-盐分耦合管理办法。

地下滴灌可以精确控制灌溉量和灌溉时间，Hanson 等（2009）研究表明，只要地下水矿化度较低，植物行下方的地下滴灌可以有效地用于浅地下水位埋深条件下的灌溉。他们认为地下滴灌比沟灌或喷灌在经济上更具吸引力，可以对中度盐分敏感作物（如加工番茄）进行局部淋洗，实现对盐分的充分控制，从而解决相关排出水的处置问题。

6.3.5 控制排水（CD）

在干旱地区，排水沟通常与灌溉系统配套设置，而控制排水系统起源于湿润地区，通过使用较浅的排水支管，以及排水沟或集水坑中的控制结构来控制地下水位。在控制排水系统中，灌溉和排水是综合水管理系统的一部分，排水系统用来调控灌溉时的流量和地下水位深度（Ayers et al.，2006b）。根据 CD 系统的目标，它可以减少深层渗漏和排出水中硝酸盐浓度，增加浅层地下水对作物需水的贡献，并减少需要处理的排水量和盐量。

6.3.6 劣质水的应用

在淡水资源有限的情况下，耐盐作物可以用更多的咸水，如处理后的废水或排水进行灌溉。管理方案包括：咸水与淡水混灌；根据生长阶段进行轮灌（如使用淡水进行出苗）；根据咸水的可用时间，采用盐分敏感作物和耐盐作物轮作；采用 Ayars 和 Soppe（2014）中所述的连作。除了减少淡水需求外，该法还减少了需要处置或处理的排水量。Ragab（2005）介绍了一系列关于劣质水应用的文章。总的来说，这一问题的研究结果表明，与通常被归类为"适合灌溉"的水资源相比，劣质水实际上可以在合适的综合管理系统下有效地用于特定作物的种植，只要有机会进行盐分的淋洗以防止有害影响，如钠质化。研究表明，滴灌具有最大的优势，而喷洒可能会导致叶片损伤。轮灌通常是首选，但在非充分灌溉条件下，优势会有所减小（Bradford and Letey，1992）。此外，混灌不需要额外的基础设施来按所需比例混合不同的灌溉水（Minhas et al.，2020b）。

6.4 展 望

（1）重点 1：为了保持灌溉的可持续性，排水系统必不可少。据 Ritzema（2016）估计，目前全世界只有约 22%的灌溉土地有排水设施。因此，排水仍然值得高度重视，需要在农场和区域范围内进行适当的投资。然而，控制排水系统没有公认的设计标准，迫切需要为此类改进系统制定设计标准和管理方法。

（2）重点 2：开发低成本传感器，用于实时监测土壤含水量、养分、盐分及作物胁迫，在决策的制定中借力人工智能和云计算（另见第 7 章关于精准灌溉的内容）。

（3）重点 3：能够有效指导未来管理方案所需的科学工具主要是完善的模型，能够模拟土壤-植物-大气系统中物理、化学和生物过程之间复杂的相互作用，能够进行假设和情景分析并提供可靠的预测（例如，水资源再利用对土壤、作物和环境质量的负面影响），完善不同生长阶段作物耐盐性指南，以及对气候变化和盐渍化的综合响应。

（4）重点 4：利用土壤微生物减轻盐渍土对作物生产和环境的负面影响。

小结：最佳的土壤盐分管理措施是维持灌溉农业的关键。随着灌溉方法、排水、土壤和植物监测、模型预测等新兴技术的出现，盐分管理方法得到了很大的扩展，已经不仅仅局限于必要的农田排水。如何成功地将这些措施应用于农业生产、环境和社会方面，仍存在许多知识缺口。

7 重点4：利用精准灌溉进行土壤盐渍化管理

7.1 引　　言

本章介绍了灌溉水和土壤盐分的监测手段，以确保及时采用最佳管理措施（BMP），通过精准灌溉技术，在保持可接受的作物产量的同时，将环境影响降至最低。我们首先回顾了精准农业（PA）的早期概念，《精准农业》杂志（https://www.springer.com/journal/11119）的定义是："精准农业是一种管理策略，它收集、处理和分析时间、空间和个人数据，并与其他信息相结合，根据预计的变异来支持管理决策，以提高农业生产的资源利用效率、生产力、质量、收益和可持续性。"我们将介绍精准灌溉（PI）的发展，并提出实时土壤水盐监测及适应性管理的未来发展。

7.2 回　　顾

精准农业（PA）正日益被人们所认可，以最大效率来优化作物投入，从而提高收益，同时减少这些方法的环境足迹。虽然农业一直追求最大限度地提高产量和优化盈利能力，但精准农业允许在整个农田中对作物投入（水、肥料、农药）进行差异化施用，从而实现可持续的管理。20 世纪 80 年代，全球定位系统（GPS）和地理信息系统（GIS）技术与卫星图像的广泛应用使 PA 成为可能。精准农业的重点是实现最大产量，尽管农田土壤特性（土壤质地、养分含量、土壤水分）在空间上存在差异。农户能够基于网格或区域采样（基于地图），在整个农田中采用不同的施肥量。因此，精准农业的内在要求是使用和完善农田土壤图，需要结合土壤和（或）植物传感器的使用。

早期的精准农业完全依赖于土壤图及其相关图件，随着移动传感器技术的并行发展，引入了更先进的方法，实现了在生长季实时监测土壤和（或）植物，从而将 PA 扩展到时空应用领域。我们参考 Adamchuk 等（2004）的研究，对多种此类移动传感器进行了回顾，包括用于土壤盐分和钠浓度测定的电/电磁（EM）和电化学传感器。特定电极传感器可以测定土壤溶液中钠的浓度，但大多数 EM 传感器是通过校正盐分干扰来间接测定土壤湿度，或测定土体 EC_b（Rhoades et al.，1976）。唯一的例外是最初由 Richards（1966）设计并由 Corwin（2002）改进的多孔介质传感器，该传感器将电路和电极嵌入一个小型多孔陶瓷元件中，将其插入土壤后可以直接原位测定土壤孔隙水的电导率。EC 测定值仅是溶液盐分浓度

（EC_w）的函数，因为陶瓷头或元件的进气值大于 1bar。需要对温度和离子从土壤溶液扩散到陶瓷元件的响应时间进行校正。

7.3　现　　状

针对精准农业的研究重点，McBratney 等（2005）提出了考虑时间变化的重要性，因为产量通常随年际而变化。就灌溉而言，了解生长季内的变化对于制定最佳管理措施以最大限度地减少作物水分和盐分胁迫至关重要。这就促进了精准灌溉（PI）的出现和应用，它遵循 PA 的定义，但应用于灌溉实践。传统的灌溉管理致力于在整个农田内做到均匀灌溉，而 PI 的目标是在整个农田内以基于土壤性质和作物需求的空间变化进行差异化的灌溉，从而将不利的环境影响降至最低（Raine et al.，2007），并最大限度地提高效率。此外，由于天气条件的变化，包括降雨，PI 可以在生长季内随时间对灌溉进行调整。PI 可以根据不同的树木/作物需求（如非充分灌溉）调整水/肥用量，方法是在单个树木/作物水平或更大的管理单元（区域）控制施用量和施用时间。

PI 采用完整系统方法，目标是采用作物、水分和养分管理方法的最佳组合来灌溉和施肥。根据 Smith 和 Baillie（2009）的定义，精准灌溉满足投入使用效率高、减少环境影响、增加农场利润和产品质量的多重目标。这是一种灌溉管理方法，包括数据获取、解译、自动化/控制和评估四个基本步骤（图 7-1）。通常情况下，数据获取是通过传感器技术实现的，而数据解译则是通过评估模拟模型的结果来实现的，如作物响应和盐分淋洗。控制是由灌溉应用系统的自动控制器基于传感器和模拟模型的信息实现的，而评估则通过调节 PI 系统实现闭环。

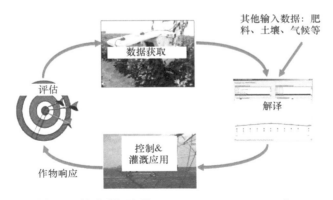

图 7-1　精准灌溉流程（Smith and Baillie，2009）。

除了特定的电极等电化学传感器外，还开发了近红外和中红外光谱法等光学反射装置，以测定土壤中特定离子的浓度，尤其是土壤硝酸盐含量（Chambers et al.，

2018；Ehsani et al.，2000）。在过去 20 年左右的时间里，许多新的土壤水分和盐分传感器已经上市，其中大多数能够接入无线数据采集网络中（例如，Kizito et al.，2008）。Robinson 等（2008）和 Sevostianova 等（2015）对传感器进行了综述和比较。Shahid 等（2009）给出了在 ICBA 迪拜生物盐化农业中心开展的实时自动土壤盐分监测和数据采集系统的田间结果。最近，地球物理技术（如电磁感应和电阻率层析成像）越来越多地被用来划定 PI 灌区，以及季节内灌溉和土壤盐渍化管理（Fulton et al.，2011）。例如，Foley 等（2012）证明了 ERT 和 EM38 地球物理方法测定黏土中水分和盐分的潜力，尽管他们强调了校准的必要性（另见第 11 章）。

传统上精准灌溉方法只考虑滴灌或微喷灌，然而从广义上来说，可以采用大多数加压灌溉方法。具体来说，如 O'Shaughnessy 等（2019）最近的综述，变量灌溉（VRI）被应用于中心支轴式、横向移动式和固定式喷灌系统。精准灌溉的许多方面同样适用于此类喷灌系统，但需要注意的是，其固有的复杂性限制了用户友好的决策支持系统界面的开发，滞后于工程技术。具体而言，需要将 GIS、遥感和其他时间信息与 DSS 融合，从而使管理区域能够随着生长季节而变化（Fontanet et al.，2020）。Barker 等（2019）和 Kisekka 等（2017）进行了 VRI 对作物产量和水分生产率影响的最新评估，结果显示使用 VRI 或 MDI（移动滴灌）有潜在的提高作用，但需要大量增加投资，因此强烈主张进行进一步研究。采用 PI 的另一个限制是大规模 VRI 系统需要许多传感器，这可能使成本高昂，而确定它们的位置和所需数量也并非易事。值得注意的是，如 Smith 和 Baillie（2009）所述，PI 也可应用于地面灌溉系统。例如，自动闸门与 SCADA（监控和数据采集）系统和实时数据分析相结合，可用于优化流量和提前时间，以确保入渗速率与土壤条件相匹配。

Raine 等（2007）介绍了 PI 在将土壤盐分维持在植物可耐受水平方面的应用，确定了使 PI 有效的研究重点，并指出大多数灌溉的精度、灌水均匀性和效率都不理想。这方面基础研究明显不足，田间数据和模拟数据缺乏一致性，尤其是多维模型应用，如滴灌以及在单株植物根区尺度上土壤水分和盐分时空变化规律的准确度。这就对计算机建模在土壤盐分管理中的实用性提出了质疑，尤其是在缺乏土壤盐分实测值来验证模型的情况下。PI 的另一个限制是，当从多维角度及作物生长阶段考虑整个根区时，缺乏作物根系对盐分响应的相关信息。

7.4　展　　望

精准灌溉的一个核心组成部分是，从农田内的单个管理点，转向定义整个农田的管理区，最终接近于逐株的分辨率水平。它需要性价比高的传感器、无线传感和控制网络、自动阀门控制硬件和软件、实时数据分析和仿真建模，以及用户友好的可视化决策支持系统。

　　许多传感器类型和技术正在开发中，并用于测定土壤水分含量，但很少包括土壤盐分测定和土壤水分监测（3.4 节）。为了使 PI 进一步发展，迫切需要改进且成本效益高的多功能传感器，可同时测定土壤盐分、土壤水分和硝酸盐浓度。关于无线网络和数据传输方法的最新综述，我们参考了 Ekanayake 和 Hedley（2018）的研究，其中包括基于云的数据库与智能手机应用程序和网页的结合使用。作者还表示，虽然无线网络的发展主要集中在传感器技术的集成上，但在控制系统与传感器数据采集的集成方面（目的是在植株或树木尺度上实现智能阀门系统的自动化）所做的研究有限。这在很大程度上是先进的 PI 系统所必需的，如 Coates 等（2012）提出的高分辨率控制水分和养分的应用。除了地面传感器，随着商用飞机遥感和无人机农业应用的发展，机载仪器的使用也有很大的潜力，尤其是电磁感应（EMI）等非接触式平台可能与无人机一起用于土壤盐分的监测。此外，高光谱和热像仪可用于植物水分或盐分胁迫与疾病的监测（Jin et al.，2018）。

　　除了使用无线和新的传感器技术改进土壤盐渍化管理和控制外，集成实时传感器与土壤和作物生长模拟模型控制数据、可视化工具和决策支持系统（DDS），可以在植株/树木尺度上进行实时管理。Sperling 等（2014）和 Gonzales Perea 等（2018）介绍了将传感器信息与灌溉和生物物理作物模拟模型相结合的最新示例。然而，也有把机器学习、人工神经网络和人工智能算法成功应用的案例，利用已有的信息训练 DDS 系统，以改善土壤和植物状况的预测、校准和验证（Meyers et al.，2018）。

　　在 DDS 系统中结合传感和建模信息，进一步推进 PI（Goap et al.，2018），以实现自适应灌溉和土壤盐分管理。在特别关注土壤盐渍化的情况下，这种综合管理系统可以对水和肥料的施用进行实时的、植物尺度或区域尺度上的控制，最大限度地减少作物水分和盐分胁迫，优化产量和水分利用效率（图 7-2）。

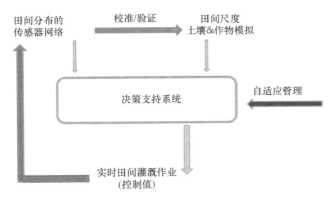

图 7-2　将实时传感器数据与模拟模型预测相结合，输入决策支持系统，用于实时灌水和硝态氮施用控制，以提高效率和进行自适应管理。引自 Hopmans ppt to Microsoft，Seattle，2015。

　　小结： 由于普遍缺乏密集的土壤盐分测定和监测，使得保持作物产量的同时尽量降低土壤和水退化的盐渍化管理方法的发展受到限制。PI 知识缺口的扩大主要与经济高效的、基于云计算的多传感器平台技术有关，可以集成土壤水分、盐分和养分测定。如果将 PI 纳入基于物联网的云系统，该系统将无线监控网络与土壤水分、盐分和作物生长的实时计算机模拟相结合，PI 就可以在接近单个植株/树木或区域规模进行实时自适应管理。传感器对于小型管理区来说过于昂贵，导致土壤水分和盐分监测网络成本很高。

8 重点 5：作物耐盐性的重新评估

8.1 引　言

作物对土壤盐分的耐受性差异很大。作物对盐分的生理响应与两个过程有关：渗透效应和特定离子效应（第 9、10 章）。这些过程相互依赖，通常会共同影响作物（Lauchli and Grattan，2012）。盐分降低了土壤溶液的渗透势（2.3 节），因此要求植物通过在细胞内浓缩溶质来进行渗透调节，以便通过渗透作用吸收水分。这种浓缩过程需要代谢能（ATP），但其对植物生长的最终成本取决于跨膜离子运输效率和合成有机溶质的能量需求，这在物种和品种之间存在差异（Munns et al.，2020a，b）。如此，特定离子（如 Na^+）等的转运过程效率将影响整体渗透反应。因此，盐胁迫下的植物即使在其他方面看起来都很健康，其生长也会受到抑制（Bernstein，1975）。这两个调节过程都会发生，即离子的积累和有机溶质的合成，但一个过程对另一个过程的控制程度取决于植物类型（例如，淡土植物与盐生植物）和盐分水平（Lauchli and Grattan，2012）。在植物细胞水平上，区隔化对于使有毒离子远离细胞质中敏感代谢过程的位置至关重要（Hasegawa et al.，2000；Munns and Tester，2008）。如第 10 章所述，这种区隔化由穿过质膜和液泡膜的运输过程控制。

由于 Na^+、Cl^- 或硼酸根离子在作物组织中的过度积累，特定离子效应可能直接对作物产生毒害，或导致营养失衡。虽然特定离子会降低土壤溶液的渗透势，在离子比率（如 Na^+/Ca^{2+}、Cl^-/SO_4^{2-}）不极端或盐分含量过高的情况下，田间种植的一年生作物（某些蚕豆和大豆除外）中很少观察到离子毒性。然而，当 Na^+ 为主要阳离子或 Cl^- 浓度足够高时，这些成分会积累在老叶中并产生毒害。特定离子毒害在树木和藤本作物中尤为突出，随着时间的推移，毒害变得越来越普遍，但可以通过砧木选择来控制（Bernstein，1975；Grieve et al.，2012）。特定离子会对养分有效性、竞争性吸收、运输和植物内分配产生影响，因此也会导致营养障碍（Grattan and Grieve，1999）。例如，过量的 Na^+ 会导致许多作物中 Ca^{2+} 或 K^+ 的缺乏（Bernstein，1975）。

虽然渗透效应和特定离子效应可以同时发生，但通常渗透效应发生在前期，而特定离子效应发生在后期（Munns and Tester，2008）。在盐渍化农田中，树木或藤蔓生长数年后可以观察到 Na^+ 和 Cl^- 的毒害。由于 Na^+ 不像 Cl^-，保留在木质组织中，只有当边材转化为心材时才会释放（Bernstein，1975），所以 Cl^- 的毒害在木本作物中往往比 Na^+ 的毒害更早出现。硼毒害的机制在很大程度上还不清楚，但对硼最敏感的作物往往是那些被归类为硼可移动性植物（如杏、李、桃、葡萄）。

8.2　回　顾

传统上，根区盐分含量由美国盐土实验室（1954）提出的饱和泥浆浸出液的电导率（EC_{ex}）来表征。作物的耐盐性各不相同，可通过简单的季节根区平均盐分含量的函数来表征，以预测其田间的相对产量。美国盐土实验室的科学家（Maas and Hoffman，1977）在 20 世纪 70 年代进行了最全面的研究，他们分析了来自世界各地的、针对多种作物的田间盐分研究。在比较研究中，他们发现绝对产量不是比较不同条件下种植的作物类型的可靠参数，相反，他们将作物耐盐性描述为相对产量（RY）随着盐分含量（以 EC_{ex} 表征）下降的函数。Maas 和 Hoffman（1977）根据两个参数评估耐盐性：①"阈值"参数（t），即高于该值时作物产量会下降的根区盐分含量，表示为 EC_{ex}（dS/m）；②"斜率"（s），即土壤盐分超过"阈值"时，产量随着土壤盐分的增加而下降的速率，表示超过阈值的盐分每增加一个单位，导致预期产量下降的百分率（图 8-1）。因此，对于超过任何给定作物阈值的土壤盐分含量，RY 可以使用以下表达式进行估算：

$$RY(\%)=100-s(EC_{ex}-t) \tag{8-1}$$

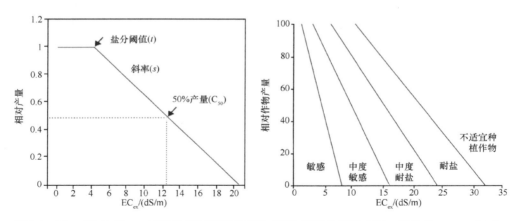

图 8-1　Maas 和 Hoffman（1977）描述的耐盐参数（左）和耐盐类别（右）。引自 Shannon，M.C.，Grieve，C.M.，1999. Tolerance of vegetable crops to salinity. Sci. Hortic. 78，5–38。

阈值越大，斜率越小，耐盐性越高。盐分系数由实验数据的非线性最小二乘统计拟合确定。Grieve 等（2012）发表了最新的"盐分系数" t 和 s，显示许多粮食作物比大多数园艺乔木和藤本作物更耐盐。

8.3　现　　状

如前所述，土壤盐分通过渗透影响、有毒离子效应（即氯化物、钠和硼）和营养失衡对植物产生不利影响（Lauchli and Grattan，2012）。影响最大的因素包括作物种类、生长阶段、接触盐分的持续时间和环境条件（Munns and Tester，2008），因此耐盐性难以量化。例如，树木和藤本作物中的离子毒性随着年份的推移变得更加明显，叶片损伤在季节后期尤其突出。

由于影响土壤耐盐性的因素很多，生理学依据的缺乏导致产量阈值存在相当大的不确定性。尽管研究人员控制了盐分含量并将可能影响产量的所有其他胁迫降至最低，但与"阈值"相关的标准差为 50%～100%（Grieve et al.，2012）。显然，这些较大的百分比代表了相当大的不确定性，表明不存在真正的"阈值"（Steppuhn et al.，2005a，b）。相反，van Straten 等（2019b）建议用土壤盐分参数 EC_{e90} 代替它，该参数相当于 90% 的产量。其他学者已经开发出非线性表达，以改善植物对盐胁迫的生理响应（Van Genuchten and Gupta，1993；Steppuhn et al.，2005a，b）。

我们注意到，大多数作物耐盐性数据来自田间小区研究或温室试验。在这些研究中，大多数作物经常灌溉，采用较高的淋洗分数来避免作物水分胁迫。这样做可以使根区形成一个均匀的土壤盐分剖面，并在生长期保持大致恒定。通过这种方式，人们可以比较作物种类间的耐盐性，对它们的敏感性进行排序，并解释为什么大多数耐盐模型都能很好地拟合这类数据。

虽然在实验上创建了均匀、稳定的根区，但这种均匀的剖面对于农田来说是不典型的（Homaee and Schmidhalter，2008）。农田土壤的盐分分布模式因土壤深度和灌溉类型而异（图 6-2）。这些模式是水分运动的结果，包括重力和毛细管作用，以及根系吸水和土面蒸发。在喷灌或畦灌条件下，盐分随土壤深度增加而增加，而在沟灌或滴灌条件下，盐分除了随深度增加外，还沿着水流的水平方向增加。此外，土壤盐分受生长季降雨模式的影响，而作物耐盐性则受钠离子对土壤结构变化的影响。在这些条件下，类似的土壤剖面上的小麦产量出现了三倍的差异（Minhas and Gupta，1993）。盐分的累积与渗透效应的关系进一步修正为土壤质地、农业气候条件、盐分的离子组成，以及影响田间条件下作物耐盐极限的土壤-灌溉-作物管理策略的函数（Minhas，1996）。

目前的耐盐性数据是基于作物对饱和泥浆浸提液（EC_{ex}）的响应，而影响作物的是原位土壤溶液的盐分浓度（EC_{sw}），其在空间和时间上是不断变化的。在过去几十年中，农业灌溉正日益从传统的地面灌溉方法转向效率更高的加压灌溉系统（即滴灌和喷灌；2.5 节）。研究表明，采用高频灌溉的作物比传统灌溉条件下的作物更耐盐（Bernstein and Francois，1973；Hillel，2005；Rawlins and Raats，1975）。虽然湿润的根区通常比低频地面灌溉小得多，但在高频滴灌条件下，滴头附近土壤水的盐分浓度接近灌溉水的矿化度，含水量接近田间持水量。因此，与传统灌溉方法相比，根系处于较低的土壤盐分条件下。虽然湿润的土壤体积较小，但高频灌溉可以保证作物需水量。

8.4　展　望

最近向加压灌溉的转变，使人们对用于传统地面灌溉系统的土壤耐盐性数据（式 8-1）的有效性产生了质疑（Letey et al.，2011），这是因为在高频灌溉条件下，根系接触的土壤水的盐分含量接近的灌溉水矿化度；或者，可以考虑基于深度相关的根系分布，在多个土壤深度原位测定实时盐分含量。

灌溉土壤的非均匀性使得更好地描述根区对土壤盐分的响应变得复杂，因为根系所处的土壤剖面不同位置的含水量和含盐量不同，且处于变化之中。几十年来，人们已经认识到，根系活动主要处于土壤剖面中盐分最低的部位（US Soil Salinity Laboratory Staff，1954）。因此，研究表明，非均质土壤剖面条件下的地上部生物量比同等均质盐分条件下（相当于非均质土壤的平均根区盐分含量）高 3～10 倍（Bazihizina et al.，2012）。

对紫花苜蓿的试验表明，根系吸水速率受土壤盐分的影响，但根系活动和蒸发需求等其他因素在控制吸水模式中可能变得更加重要（Homaee and Schmidhalter，2008）。根系会在根区综合条件最有利的部分生长发育，包括盐分含量、含水量、养分、pH、氧有效性、土壤硬度和病害压力等因素。例如，土壤剖面上部的土壤盐分可能较低，但由于其根长密度较高，土壤含水量（即基质势）会有很大变化。在土壤剖面下部，盐分可能明显较高（即低渗透势），但由于根长密度较低，土壤含水量较高且波动较小。其他试验和模拟研究表明，植物对盐分的敏感性取决于蒸发需求（Groenveld et al.，2013；Perelman et al.，2020）。当多种胁迫同时发生时，主导胁迫在很大程度上控制着作物的生长和反应（Maas and Grattan，1999；Shani et al.，2007）。同样，缓解最主要的胁迫也将在很大程度上促进作物的生长。

根系生长对多种可变胁迫的综合响应是显著的（Rewald et al.，2013），但植物如何在空间和时间上应对多种胁迫存在相当大的不确定性（第 9 章），仍然存在巨大的知识缺口。需要更多的研究用于解释非均质盐分条件下植物水分关系和地上部离子调控的生理机制（Bazihizina et al.，2012），以及根系在生长季内如何适应不断变化的土壤条件。虽然可能会有复杂的相互作用，但这仍然是未来研究的一个重要领域。

小结：现在迫切需要微灌条件下的作物耐盐性数据，而不是基于地表灌溉获取的历史数据。尽管土壤饱和泥浆浸提液在过去具有巨大的价值，但是不一定能代表原位根区盐分含量。此外，植物如何在整个根区和生长季整合多种胁迫存在相当大的不确定性，这是一个巨大的知识缺口。新的低成本、高性能传感器技术的发展，以及将其应用于整个田间试验，能更好地实时反映植物对土壤盐分响应的原位信息，以及其他相关的非生物和生物的土壤及植物指标。

9 重点 6：提高对作物干旱和盐分联合胁迫及交互胁迫的认识

9.1 引　　言

干旱和盐分是农作物中最常见的两种非生物胁迫因子，而且经常同时发生在灌溉农田中。此外，咸水或微咸水的利用、处理后污水的再利用正在增多（Hamilton et al.，2007），尤其是在水资源压力增加的干旱和半干旱地区（Kan and Rapaport-Rom，2012）。虽然正确认识作物对水盐复合胁迫的响应是水文和作物模型的关键问题，但这两种胁迫对植物健康和作物发育、蒸腾作用、干物质积累和产量的综合影响知之甚少。在本章中，我们将主要关注植物根系吸水，而土壤盐分对作物产量的相关影响将在第 10 章中讨论。

植物根系吸水由土壤-根系界面的水势梯度控制，通常由达西定律流量公式描述，进入根系的流量由基质势和渗透势梯度（分别为 Δh_{m} 和 Δh_{o}）驱动，再乘以传导系数。进入植物根的水流通量会因为水势梯度的降低（如根际盐分积累），以及土壤和植物水分传输速率的降低（如土壤干燥）而减小（Hamza and Aylmore，1992）。Gardner（1960）和 Cowan（1965）指出，在土壤基质势较低、水势梯度较高的情况下，土壤导水率的局部下降会降低吸水速率。根系吸水的物理过程可以通过土壤-根系界面的径向流动方程来描述：

$$J_{\mathrm{r}}=AL(\Delta h_{\mathrm{m}}+\sigma\Delta h_{\mathrm{o}}) \tag{9-1}$$

式中，J_{r} 是径向水流通量（cm^3/d）；L 表示有效导度（d^{-1}）；A 是根表面积（cm^2）；σ 是反射系数（—），代表渗透势梯度作为驱动无溶质的水分通过根系细胞膜的有效性。当植物吸水减少时，叶片气孔关闭，从而降低蒸腾速率。因此，光合作用、植物初级生产力和作物产量也将下降（de Wit，1958）。植物应对土壤盐分或水分胁迫的一种特殊机制是渗透调节，通过将盐分积累到植物细胞中，或在植物细胞内合成有机溶质，如盐生植物（耐盐植物种类），降低植物细胞内部总水势，增加从干燥或盐渍土中吸收水分的能力（第 10 章）。

与干旱胁迫相比，盐胁迫的机制表现出两个重要差异。首先，高含盐量会导致渗透压的增加，类似于干燥土壤中基质势的降低，渗透压不会影响土壤导水率，但可能会改变根系导管中的水流路径。其次，当植物组织中的盐分浓度升高时，可能会发生离子特定的生理毒性（Munns and Tester，2008；第 8 章）。这种毒性反应比其快速渗透反应慢得多（Ben-Gal et al.，2009a；Shani and Ben-Gal，2005）。由这些离子特定机制引起的植物水分胁迫不能用式（9-1）表示。其他机制包括根对离子的排斥、盐分向老叶的分配，以及植物细胞外的其他隔盐过程（Lauchli and Grattan，2012；见第 10 章）。过去很多研究分别考虑了水分和盐分胁迫，而当这两种胁迫同时发生时，植物对这两种胁迫的反应和相互作用仍存在很大的不确定性。此外，在研究盐分胁迫时，人们通常考虑的是土壤总盐，而不考虑特定离子（如 Na^+ 和 Cl^-）对作物生理的影响，这种影响通常是长期的。

9.2　回　顾

随着基于水势的瞬态一维非饱和水流模型的开发（2.4 节），需要将与时间和土壤深度相关的植物根系吸水模型作为土壤深度和生长季节的函数，以模拟干旱及盐分胁迫对作物蒸腾量和产量的综合影响。如第 3 章所述，这些模型分为基于过程的模型（I 型）或基于经验的模型（II 型）。基于过程的模型（也被定义为微观、介观、加性或 I 型模型）包括式（9-1）中的达西型方法，可以表征在垂直方向为主的土壤水流（z 方向）下的根系吸水量[表示为每单位土体体积，V_s（cm^3）]（Whisler et al.，1968），描述为：

$$S(z) = J_r/V_s = -AL/V_s = \kappa(z)/V_s[(\Delta h_m + z + h_o)] \tag{9-2}$$

式中，S 是根系吸水速率[cm^3/（$cm^3 \cdot d$）]；$\kappa = AL$ 代表与深度相关的有效根系-土壤导度（cm^2/d），是土壤导水率和深度相关的相对根系分布函数。这种模型忽略了植物根系的渗透势，并假设根系反射系数 σ 等于 1。Nimah 和 Hanks（1973）进一步假设根系阻力由重力势（向上为正，cm）表示，然而也有学者建议将径向根系阻力纳入土壤-植物导度中（Grant，1995）。这种方法已成功地应用于土壤水流数值模型，以评估干旱和盐分胁迫对作物产量的影响（Bresler and Hoffman，1986；Childs and Hanks，1975；Lamsal et al.，1999）。

基于经验的 II 型方法定义了一个胁迫函数 α（h_m，h_o），该函数介于 0（零吸水）和 1（潜在吸水，无胁迫）之间，以表示土壤胁迫对根系吸水和蒸腾的影响。采用该函数与潜在吸水速率 S_p（d^{-1}）的乘积估算根系吸水速率 S（d^{-1}），描述为：

$$S(z) = \alpha(h_m, h_o)S_p \tag{9-3}$$

式中，S_p 通常被定义为根系密度的深度分布和潜在植物蒸腾量的函数（Feddes and Raats，2004）。然而，耦合土壤水分基质势和渗透势效应的胁迫函数的函数形式一直是一个长期争论的话题。大多数情况下，人们会考虑干旱和渗透胁迫的综合影响，例如：

$$\alpha(h, h_o) = \alpha_w(h_m) \times \alpha_s(h_o) \tag{9-4}$$

式中，$\alpha_w(h_m)$ 和 $\alpha_s(h_o)$ 分别为干旱和渗透胁迫函数。文献中提出了几种 α_w 函数，

可以为 h_m 的函数（Feddes et al.，1976），或是含水量的函数（Vanuytrecht et al.，2014）。盐分胁迫函数 α_s 通常取决于土壤水电导率（Maas and Hoffman，1977）或渗透势（van Genuchten and Hoffman，1984），在第 8 章中做了进一步讨论。

也可以采用单个的胁迫响应函数模型，其中，h_m 和 h_o 的影响通过相加（van Genuchten，1987）或相乘（Dirksen and Augustijn，1988；Homaee，1999；Homaee et al.，2002a，b，c，d）进行加权。我们注意到，这种方法与第 8 章中 Maas 和 Hoffman（1977）提出的描述土壤盐分耐受性的函数表达式非常相似。然而，这两种方法的假设差异很大，这也就说明了它们之间的不同（Skaggs et al.，2006b）。

有些胁迫函数已经用于基于水势（Richards 方程）的水文模型（Simunek et al.，2016）中，研究干旱和盐分胁迫的综合影响（例如，Homaee et al.，2002c；Pang and Letey，1998）。不同方法之间的比较有时会得出截然不同的结论。Cardon 和 Letey（1992a，b）将机理和经验相结合的胁迫模型集成到 Richards 方程的数值求解中，结果表明加权和胁迫函数的效果优于加性模型。他们发现基于过程的方法在盐分含量较低时不敏感。Homaee 等（2002c）对 6 个经验胁迫函数（相乘或其他数学形式）进行了比较，结果表明，线性胁迫函数的组合表现最好，所有测试的经验函数都得到了令人满意的结果。

必须指出的是，除了土壤水文学文献中的这些基于过程和经验的模型外，其他学科也开发了不同的方法。例如，Castrignanò 等（1998）在他们的作物模型中提出了经验函数，将土壤水盐分含量和有效性与黎明前的植物水势联系起来，与植物胁迫指数建立起了非线性关系。

9.3 现　　状

过去 20 年，随着计算能力的提高，数值模型变得越来越强大和复杂（2.4 节），可用于模拟多维的、基于过程的非饱和水流（Richards 方程）和化学输运（对流-弥散方程），包括使用 I 型（单根尺度）或 II 型（根区尺度）方法的多维根系吸水。尽管它们能够重现实验数据（Homaee et al.，2002c；Skaggs et al.，2006b），但经验胁迫函数（II 型）的使用一直存在很大的争议（Skaggs et al.，2006a）。

9.3.1 经验方法的问题

第一，经验吸水函数很难通过实验验证。它们被集成在一个特定的水文模型中，因为它们参数化的实验设置非常耗时，很难进行评估。因此，胁迫函数的形式很难辨别，并且可能是非唯一的。

第二，尽管随着土壤基质势或渗透势的降低，植物对干旱和盐分胁迫的反应表现出相似性（Munns and Gilliham，2015），但实验表明，将基质势和渗透势对植物蒸腾减少的影响相加或相乘是不可行的（Homaee et al.，2002c）。这种关于非生物植物胁迫因子的试验通常只针对单一的胁迫因子，因为试验既耗时又昂贵，因此避免了其他胁迫因子的同时作用。由于作物应对不同胁迫因子的生理机制是同时产生的（如 Rollins et al.，2013），因此作物对多种胁迫因子的综合生理响应不能简单地从作物对单一胁迫的响应推导出来（Ahmed et al.，2015；Iyer et al.，2013；Sun et al.，2015）。

　　第三，经验函数通常假设 h_m 和 h_o 为土体的变量，且在土壤根际内存在重要的单根尺度的梯度。而植物对土壤-根系界面的水势值比较敏感，不是整个土体变量。此外，这些梯度的大小是蒸腾需求、根长密度和土壤类型的函数，因此根系吸水胁迫函数也应取决于这些变量（图 9-1A）。在这种情况下，Schröder 等（2014）

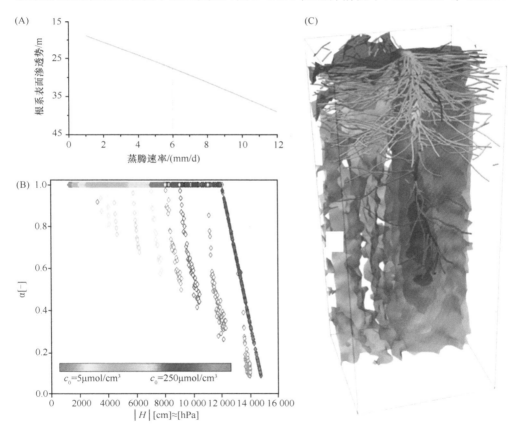

图 9-1　（A）土壤-根系界面渗透势对植物蒸腾速率的影响（De Jong van Lier et al.，2009）；（B）加性胁迫函数，取决于土体（open diamonds）或土壤-根系界面（closed diamonds）的溶质浓度（色阶）（Schröder et al.，2014）；（C）根据根段水力学和土壤含水量的空间分布，由 R-SWMS（Javaux et al.，2008）模拟的盐分分布（色阶）。

使用三维机理模型证明蒸腾作用和土体水势（即重力势、渗透势和基质势之和）之间的关系无法外推，并且受土壤类型、蒸发需求、含盐量或根系密度的影响，这进一步质疑了加性模型的使用（图 9-1B）。

第四，胁迫函数是基于温室或其他可控环境中水和（或）盐均一条件下的实验所确定的。然而，在田间条件下，水和盐的通量可能在时间和空间上变化很大，其分布模式取决于灌溉类型、土壤性质、植物性质和气候。

另一个问题与植物根系的补偿能力有关，即植物根系在某一土层吸水量的减少，可以通过在水分条件较好的层次吸收更多的水分加以补偿（Jarvis，1989；Lai and Katul，2000；Li et al.，2006）。尽管做出了很多尝试（Jarvis，2011），但补偿的经验模型仍有概念上的局限性（Skaggs et al.，2006a），因为它们将根系吸水补偿与胁迫参数联系起来，而这些过程本质上是不同的（Javaux et al.，2013）。从基于过程的观点来看，植物根系是连续和水力联系的，因此根区每个根段的吸水取决于整个根系的水势状况。基于过程的方法，无论是一维（de Jong van Lier et al.，2008，2013）或多维（Huber et al.，2015；Javaux et al.，2008）都对根系水分补偿进行了解释，因为他们考虑了整个土壤-根系系统水势梯度的空间分布。

另一个相关的问题是，由于基质势梯度（对流）引起的水流路径与渗透势梯度（扩散）引起的水流路径不同，因此，必须分别考虑对流和扩散的吸收机制的水力传导度（见 Hopmans and Bristow，2002）。此外，公式（9-1）中反射系数的大小应该取决于植物种类。当含盐量较高时，许多作物很可能无法充分反射离子，从而使其受到毒性影响（Shani and Ben-Gal，2005；Sheldon et al.，2017）。在这种条件下，生理毒性很可能在作物胁迫中起主导作用，而不是渗透胁迫。

考虑到作物生理机制以及对干旱和盐分胁迫的响应，植物除了通过根系排斥离子（Munns and Tester，2008），还可以通过水通道蛋白调节根系的水力传导度（Boursiac，2005），从而避免植物细胞中盐分达到毒害水平。水通道蛋白是在根系细胞膜上形成孔道的膜蛋白，从而增加其传导度，促进细胞间的水分运输（Javot and Maurel，2002）。已有研究表明，渗透胁迫可导致许多物种的水通道蛋白下调，使植物能够保护自己免受过度吸盐造成的生理损害（Carmen Martínez-Ballesta et al.，2003；Carvajal et al.，1999；Martre et al.，2002；Vaziriyeganeh et al.，2018）。

9.3.2 基于过程的争论

由于这些缺点，从侧重于宏观根系吸水模块中乘法或加法胁迫函数的经验-试验研究（Dudley and Shani，2003；Skaggs et al.，2006a；Wang et al.，2012，2015）

逐渐转向基于过程的根系吸水数值模型的开发，以便更深入地了解干旱和渗透胁迫的综合影响。

目前，从单根尺度提升至根系是作物干旱和盐分胁迫建模及预测所面临的挑战之一（Feddes and Raats，2004）。为了应对这一挑战，De Jong van Lier 等（2009）开发了一个根系吸水的介观机理模型，表明使用基质通量势和由土体渗透势定义的积分下限，是计算干旱和渗透胁迫下相对蒸腾量的一种有效方法，而不必包含补偿机制。Javaux 等（2008）和 De Jong van Lier 等（2009）都证明了植物对根际土壤-根系界面处的水分和盐分胁迫的敏感性，而不是土体，尤其是在蒸腾速率较高的条件下。Riley 和 Barber（1970）、Simha 和 Singh（1976）以及 Perelman 等（2020）在实验和数值上都证实了类似的发现。

田间土壤水分、养分和盐分分布不断变化，植物通过不断调整其吸收、生长和导度来应对这些变化。因此，功能-结构植物模型（图 9-1C）可以在三维空间上表示植物的发育和功能（Dunbabin et al.，2013；Javaux et al.，2011）。这些复杂模型已被用于研究联合胁迫并推导出有效胁迫函数（Schröder et al.，2014）。例如，Jorda 等（2018）尝试将三维机理模型与植物宏观胁迫响应函数相结合，并表明 van Genuchten 和 Hoffman（1984）定义的 $\alpha_s(h_o)$ 的参数不是唯一的，且在相同根区盐分浓度下高度依赖于根长密度和潜在蒸腾速率，局部土壤-根系界面浓度值取决于吸收速率。

9.4 展 望

对水分和盐分胁迫联合发生对植物影响的生理学研究仍处于初期阶段。毒性、干旱和盐分通过不同的水力及化学信号影响植物，产生不同的代谢物及生理响应（Suzuki et al.，2014）。此外，植物通过改变膜渗透性（Gambetta et al.，2017）和根际水力特性（de la Cantó et al.，2020）对胁迫作出响应。这些过程会改变土壤-植物传导度和膜反射系数，影响植物蒸腾和生长动态。为了提高水文和作物生长模型的通用性及性能，需要将这些过程集成到特定植物的功能结构模型中。

此外，为了更好地认识植物对水分和盐分胁迫的综合响应，还需要进行创新性实验。为此，高分辨率地球物理方法（如磁共振成像和中子层析成像）开辟了新的途径，以便更好地量化根系周围和植物组织中局部的浓度及势能梯度（Koch et al.，2019；Sidi-Boulenouar et al.，2019）。将其应用于受到复合胁迫的植物，可能有助于将局部梯度的时空变化表达为根系和土壤性质、蒸发需求和土壤盐分的函数。显然，这一研究领域的重大进展需要土壤和植物科学家之间的合作，对土壤-植物系统进行联合研究。

　　小结：尽管经验胁迫函数简单，但对于大尺度水文模型而言，它们是研究干旱和盐分胁迫影响的有力工具。然而，当考虑复合胁迫时，它们存在很大的不足，因为根际盐分浓度和水势有着重要的交互作用。目前，已有详细的、基于过程的方法，可以提高我们对水盐复合胁迫如何影响植物蒸腾和生长的认识。这些复杂的模型也可用于确定更简单、有效的胁迫函数的参数。

10 重点 7：更广泛地探究适应盐渍土的生理机制

10.1 引　　言

几十年来，植物生理学家一直在寻找一些作物和牧草可以在盐渍土中生长并获得可观产量而另一些则严重受到危害或死亡的原因。Maas 和 Hoffman（1977）全面调查和比较了产量对土壤盐分增加的响应，第 8 章中引用了此文章（另见：http://www.ars.usda.gov/Services/）。在这里，我们主要关注耐盐性的遗传和生理方面，并提出仍然存在的知识缺口，包括转运蛋白的细胞特异性功能、硼的特殊作用，以及对钠质土或 pH 较高的土壤的适应。

10.2 回　　顾

关于植物对盐渍土响应差异的机制已经研究了几十年，重点是对盐渍土渗透效应和特定离子效应的响应（Bernstein，1975；Greenway and Munns，1980）。关于这两种响应的简要讨论见前面的作物耐受性部分。伯恩斯坦和美国盐土实验室的同事（https://en.wikipedia.org/wiki/U.S._Salinity_Laboratory）的研究表明，对于许多对盐分敏感的作物，如水稻和小麦，叶片中盐分积累量较低的品种在盐渍土上产量更好。嫁接试验表明，叶片中盐分的积累受根系控制。然而，许多耐盐性较强的作物，如大麦、甜菜和棉花，与盐分敏感作物相比，它们的叶片中积累了较多的盐分。

植物要在盐渍土中继续生长，植物细胞的渗透调节是必不可少的。渗透调节就是细胞内渗透势降低，以匹配土壤溶液中盐分渗透势的降低。渗透势具有依数性，意味着渗透势的降低是由植物细胞中总溶质数量增加所致；溶质可以是从土壤中吸收的离子，也可以是由植物合成的有机溶质。渗透势在细胞的各个部分都是相同的，但离子与有机溶质的比例在不同的细胞隔室中是不同的。液泡主要通过离子调节，胞质主要通过有机溶质调节。图 10-1 给出了典型的植物细胞，中心液泡被一层富含蛋白质（基质）的细胞质所包围，细胞中包含细胞核、线粒体、叶绿体等，以及执行代谢过程的高浓度酶。液泡膜上的转运蛋白可以将细胞质中的 Na^+ 和 Cl^- 去除以进行渗透调节。NHX1（Na^+/H^+ 交换器）是一种关键的液泡膜转运体，它利用质子泵提供的能量将 Na^+ 转运到液泡中。Cl^- 可以被动跟随，不需要进一步的能量。

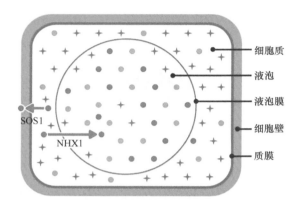

图 10-1 典型的植物细胞，中央液泡由细胞质包围，细胞中含有细胞核、线粒体、叶绿体等，Na^+ 通过 SOS1 从细胞质泵入质外体，通过 NHX1 泵入液泡（见表 10-1）。红点表示 Na^+，蓝点表示 Cl^-，+表示蔗糖等有机溶质。

细胞质中的 Na^+ 浓度，尤其是胞质溶胶（线粒体和叶绿体周围的细胞质部分）中，最大浓度为 10～30 mmol/L；高于此浓度则被认为有毒害作用（Munns and Tester，2008）。细胞被含有离子通道的质膜包围，这些离子通道限制钠离子被动进入细胞。Na^+ 的流入是被动的，因为细胞质相对于细胞壁带负电荷。泄漏进来的多余 Na^+ 会被 SOS1 泵出（图 10-1）。

这种调节可以保持细胞的膨压和体积，从而使植物能够继续发挥功能。通过渗透调节，根和芽中的所有细胞都可以继续生长和扩展，叶片也可以继续进行光合作用。

植物控制 Na^+ 和 Cl^- 的吸收以进行渗透调节的能力、通过细胞膜排出或运输离子的效率，以及在细胞、组织和器官内分配及运输离子的方式各不相同。在排出盐分以避免叶片中含量过高，同时吸收足够的离子进行渗透调节之间存在微妙的平衡。盐分太少，植物可能会缺水或者不得不使用能耗高的有机溶质（任何一种都会影响生长）；而盐分太多，则会造成毒害，导致叶片死亡（Greenway and Munns，1980）。

大麦、甜菜、棉花等耐盐作物的叶片和根系中的 Na^+ 和 Cl^- 浓度接近或等于外界溶液的浓度，因此可以进行高能效的渗透调节（Munns et al.，2020a，b）。如果细胞的 Na^+ 和 Cl^- 浓度与外界溶液不相等，则高能量的有机溶质（如蔗糖）会平衡外界渗透势。这些糖类维持了细胞膨压和体积，但是不能再用于合成新的细胞壁和蛋白质等细胞成分，导致植物生长较慢。

植物通过两种独立的机制避免盐分毒害，这两种机制存在于所有植物中，但其有效性因物种而异。这两种机制分别是根系的离子排斥作用和植物所有细胞内的离子区隔化作用。

10.2.1　根系的离子排斥

　　根系在吸收水分的同时，几乎不吸收土壤溶液中的所有盐分。所有植物，包括盐生植物，将土壤溶液中 90%～95% 的盐分排除在蒸腾流之外。盐分集中在叶片中，是因为植物通过叶片表面耗散了根系吸收的大约 95% 的水分。因此，土壤溶液中约 95% 的盐分必须被根系排除在外，以保持叶片中浓度稳定（Munns et al.，2020a，b）。有些物种通过根系上部、叶基部和茎部的控制点位将高达 99% 的盐分排除在叶片之外（图 10-2）。

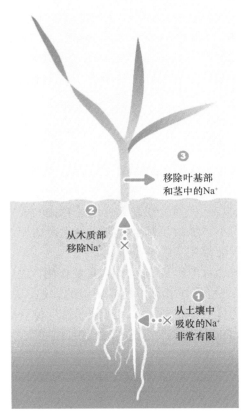

图 10-2　植物中 Na^+ 长距离运输的主要控制点。控制点 1 位于根系表面，根系吸水时土壤溶液中约 95% 的盐分被排除在外。这是通过质膜实现的，质膜几乎不允许 Na^+ 的进入，并通过 Na^+/H^+ 逆向转运体（如 SOS1）将进入细胞质的 Na^+ 排到质膜外。控制点 2 是某些物种利用细胞特异性 Na^+ 吸收转运体 HKT1;5，从蒸腾流中转出另外 1%～4% 的 Na^+，防止其移动到地上部。控制点 3 是通过 HKT1;4 进一步去除叶基部和茎中的 Na^+（表 10-1）。

10.2.2 细胞离子区隔化和"组织耐受性"

"组织耐受性"的概念是基于盐生植物可以在其叶片中积累非常高浓度的 NaCl（>800 mmol/L），然而它们在基本代谢过程中起关键作用的酶，像非盐生植物一样对盐分敏感。因此，盐生植物必须有效地将盐分区隔化在液泡中（占据细胞体积的很大一部分），从而防止盐分干扰细胞内的主要代谢（图 10-1）。将 Na^+ 和 Cl^- 区隔化在液泡中并在细胞质中保持较低浓度，对组织耐受性至关重要（Munns et al.，2016）。

10.3 现　状

20 世纪 90 年代，负责控制 Na^+ 和 Cl^- 移动的膜转运蛋白得到了深入研究，电生理学家揭示了其功能，可参考 Apse 和 Blumwald（2007）、Munns 和 Tester（2008）以及 Ismail 和 Horie（2017）对 Na^+ 膜转运与耐盐性关系的综述。

在下面的内容中，我们分别考虑对盐质土和钠质土的耐受性，并特别关注硼的毒害。

10.3.1 盐质土

耐盐性是由植物对根系吸收 Na^+ 和 Cl^-，以及这些离子在植物体内运输的控制所决定的，因此研究集中在识别和克隆决定这种控制的基因。两种主要的方法分别是：①寻找物种内的自然变异；②在适合遗传转化的模式物种中诱导突变体。模式植物拟南芥基因组小，加快了基因挖掘，且生命周期短、易转化，加快了候选基因的功能分析，因而得到了广泛应用。

膜转运体对控制 Na^+、Cl^- 和 K^+ 转运具有重要作用，通过分子育种可以提高作物耐盐性，关于这方面已经有了几篇广泛且权威的综述，最近的是 Ismail 和 Horie（2017）。为了控制植物体内 Na^+ 的运输，三种膜转运体受到了最广泛的关注，分别是 SOS1、NHX1 和 HKT1 家族，汇总于表 10-1。

表 10-1　为了控制 Na^+ 转运、提高作物的耐盐性，三种膜转运蛋白基因受到了最广泛的关注。

转运体	位置	功能	参考文献
SOS1（salt overly sensitive）	质膜上的钠-质子逆向转运体	从植物细胞中排出 Na^+（图 10-1）	Shi et al.，2000
NHX1（Na^+/H^+ exchanger）	液泡膜上的钠-质子逆向转运体	将 Na^+ 从细胞质运输至液泡（图 10-1）	Apse et al.，1999
HKT（high affinity K^+ transporter）在水稻和小麦中分别为 HKT1;4 和 HKT1;5	质膜上独特的 Na^+ 吸收转运蛋白，主要存在于木质部薄壁细胞	当 Na^+ 向叶片移动时，从木质部吸收 Na^+，从而减少其向地上部的运输（图 10-2）	Ismail and Horie，2017；Munns and Tester，2008

注：前两个由 ATP 酶激发，第二个也可由 H^+-焦磷酸酶质子泵激发，如液泡膜上的 AVP1（Gaxiola et al.，2001）。第三个转运体不需要能量，因为细胞质带负电。

前两种转运体在所有物种中都高度保守，几乎没有发现自然的基因组变异。尽管不同物种将这些离子容纳在叶片液泡中的能力存在明显差异，但这是由于 NHX1 遗传变异导致的活性水平的差异、液泡膜泄漏的差异，还是激发这些转运蛋白的质子泵或 ATP 酶效率的差异，目前尚不清楚。第三种转运蛋白表现出一定程度的自然遗传变异，尤其是在水稻中，它会影响叶片中的 Na^+ 积累，从而影响水稻（Platten et al.，2013）和小麦（Munns et al.，2012）的耐盐性。

在控制 Cl⁻吸收方面的研究较少，因为它不能被动地进入根系（根细胞具有负电位）。Cl⁻对新陈代谢的毒性可能不如 Na^+ 那么大，但这还很难弄清，因为我们无法测定进行大多数代谢的胞质溶胶或线粒体中 Na^+ 或 Cl⁻的浓度。尽管如此，Cl⁻的排除对柑橘和葡萄等多年生植物尤其重要，这些植物能很好地排除 Na^+，但随着时间的推移，Cl⁻会在叶片中积累到较高水平。砧木嫁接接穗以排除 Cl⁻已被证明能提高盐渍土上的产量。Ismail 和 Horie（2017）综述了受盐分影响的植物中控制 Cl⁻转运的候选基因。

10.3.2 钠质土

钠质土是指具有较高的交换性钠百分比的土壤，第 12 章作了详细描述。土壤碱度可以直接影响植物生长，如钠导致钙缺乏（Lauchli and Grattan，2012），也可因其对土壤结构的负面作用而产生间接影响。在钠质土条件下，土壤团聚体分散，大孔隙减少，从而影响水流和气体扩散，使土壤硬度和土壤结皮增加。土壤硬度的增加减少了根系的生长和种子出苗，并导致土壤渍水，减少了氧气向根系的扩散和二氧化碳离开根系，从而影响植物的生长（Barrett-Lennard，2003）。涝渍不仅会造成缺氧，还会将 Fe^{3+} 还原为 Fe^{2+}、将 Mn^{4+} 还原为 Mn^{2+}、将硫酸盐还原为硫化物，并促进反硝化作用，产生有毒成分，加重水传播病害（Kozlowski，1997）。因此，在钠胁迫下的植物可能会遇到其他非生物或生物胁迫。Rogers 等（2005）对盐渍土中许多饲料植物的耐涝和耐盐性的遗传变异进行了研究。

10.3.3 硼毒害

盐碱环境中通常含有过量的硼（第 8 章），可对敏感作物造成伤害。硼虽然是一种必需元素，但土壤溶液中介于植物生长缺乏和过量之间的硼浓度范围很小。植物根系对硼的吸收方式包括：①跨质膜的被动扩散；②通过膜蛋白的促进转运；③通过高亲和吸收系统的能量依赖性转运（Takano et al.，2008）。小麦中控制硼吸收的硼转运体基因已被鉴定为转运体 Bot-B5 的等位基因（Pallotta et al.，2014）。在大多数植物中，硼进入叶片后不再发生移动，但在某些植物中，尤其是核果，硼可以通过韧皮部转移到果实和植物的生长部位。硼与允许其流动的多元醇形成复合物（Brown and Shelp，1997），因此很难用组织诊断硼缺乏症和毒害（Nable et al.，1997）。

10.3.4 盐分-硼交互作用

尽管盐分与硼同时出现很常见，但很少有研究探讨这两种非生物胁迫对植物生长的复杂交互作用，二者可以是拮抗的，也可以是协同的（Läuchli and Grattan，2007）。Wimmer 等（2003）发现，盐分和硼的联合胁迫显著增加了硼的可溶性组分，这些可溶性组分是硼毒害的一个指标。土壤 pH 也会影响盐分和硼的相互作用（Smith et al.，2013），并可能影响膜的转运特性（Läuchli and Grattan，2007）。

10.4　展　　望

根系在吸收水分的同时，通过排除土壤溶液中的盐分来保护植物免于吸收过多的盐分，但是我们不知道这种情况是发生在根系的所有部位，还是仅限于幼根或侧枝根。

更具针对性的分子育种方法需要确定根解剖结构中哪些细胞或细胞层是 Na^+ 排斥的位点。最近的分析表明，表皮是 Na^+ 排斥的主要部位，而不是以前认为的内皮层（Munns et al.，2020a，b）。进入到根中的 Na^+ 外排成本很高，可能消耗根系呼吸产生的 ATP 的 10% 以上（Munns et al.，2020a，b），因此有必要了解这种情况在根中发生的位置，以及是否完全由 SOS1 或其他转运体所造成。另一个代价较高的过程可能是维持细胞液泡中高浓度的 Na^+ 和 Cl^-，我们需要知道液泡膜的"泄漏"，这可能会给需要将 Na^+ 泵回液泡的细胞带来很大的成本（Shabala et al.，2020）。

钠质土的 pH 通常较高，很少受到生理学家的关注，但它们比中性的盐土分布更广泛（第 12 章）。许多钠质土的 pH 高至 9～10 或更高，这会改变矿质元素的形态、溶解度和吸收，其中也包括铝。关于土壤板结或涝渍的多种胁迫交互作用需要进一步的研究（Läuchli and Grattan，2007；Mittler，2006）。此外，硼毒性与许多其他非生物胁迫一样，会导致活性氧的形成，但人们对植物中硼毒性的实际机制或硼毒性如何影响植物的抗氧化防御系统目前知之甚少（Cervilla et al.，2007）。盐分-硼交互作用是复杂的，有必要开展进一步的科学研究。

小结：生理学家对中性 pH 盐渍土的适应机制开展了深入研究。植物通过两种独立的机制来避免盐害，分别是根系的离子排斥和所有细胞内的离子区隔化，但是这两种机制在不同物种中的有效程度不同。保持细胞质中 Na^+ 浓度较低，同时尽量减少用于渗透调节而积累高浓度有机溶质的能量消耗，这些至关重要。控制盐渍土中 Na^+ 和 Cl^- 的吸收、在植物中的运输以及在细胞内区隔化的关键基因已经被确定。基因组变异是存在的，但尚未得到充分的挖掘和利用。

11 重点 8：挖掘耐盐但不减产的基因

11.1 引　　言

　　尽管研究人员在利用生物技术培育耐盐耐旱作物方面做出了重大努力，但进展缓慢，仍然面临着巨大的挑战。在大多数国家，仍不能接受主要粮食作物（小麦、大米、玉米）的转基因（GM）产品。"基因编辑"方面的进展有可能克服以往对转基因技术的异议（Zaidi et al., 2019），但基因编辑仍然没有被监管机构广泛接受。因此，应该继续寻找物种内的自然变异，而不是从其他物种引入基因。作物及其近缘物种的基因组存在大量的自然变异，尚未在耐盐育种中得到充分利用。这种生物多样性包含在大型国际种子库中，应该用于提供新的种质资源，以提高盐碱地上作物产量。为什么育种学家没有更多地利用这种遗传变异？

　　要回答这个问题，我们需要了解植物育种方法和新品种商业化推广的要求。新品种的首要标准是产量潜力和产品质量。如果引入耐盐基因后，在优质土壤上的产量降低，即使盐渍土上的产量可能会提高，育种工作者也不会感兴趣。这有两个实际原因：①育种试验一般在该地区的典型土壤上进行，而不是在含盐量较高的土壤上；②农田中盐分存在空间变异，因此总产量在很大程度上取决于农田中含盐量较低部分的产量（Richards et al., 1987）。他们认为在高盐条件下提高产量最有效的方法是选择低盐条件下表现最好的株系。并非所有育种学家都同意这一点，但对于大多数商业育种公司来说，相对于盐碱地上的产量，更看重产量潜力。

　　常规的耐盐育种是从已知特定数量性状变异的新种质开始，杂交到当前的育种系（优良亲本）以引入该性状，然后对优良亲本进行多轮回交，以去除新种质引入的不需要的不良性状。在推广区域内不同气候带的不同土壤类型中测试新选育的品系，以确保耐盐基因的品系不会减产。这种杂交和选择的方法通常采用分子标记，即与性状相关的 DNA 片段。对性状本身的选择更费力，也更昂贵。

11.2 回　　顾

11.2.1　常规育种

　　几个世纪以来，土壤盐渍化分布国家的农户一直在为自己的土地选择产量最好的作物，最近的商业育种公司也是如此。如果他们的土壤含盐，他们会选择耐盐品种，并不是特意为之。耐盐面包小麦 Kharchia 就是一个例子，它构成了印度和巴基斯坦发布的大部分耐盐面包小麦种质的基础。Kharchia 65 是从拉贾斯坦邦 Kharchi-Pali 地区的钠质盐土农田中筛选出的一个农家种质（Rana，1986）。我们还不知道 Kharchia 耐盐性的生理或分子基础。Naeem 等（2020）的总结列出了印度、巴基斯坦、埃及和中国面包小麦商业化生产的 14 个品种或地方品种。所有这些都是通过常规育种产生的。

对于水稻而言，印度南部沿海地区的地方品种 Pokkali 或 Nona Bokra 的衍生系构成了耐盐水稻品种的基础。Ismail 和 Horie（2017）列出了 2007～2014 年为孟加拉国、菲律宾和印度提供的 27 个耐盐品种。这些都是通过传统的选择和育种发展起来的。最重要的两个品种是用于印度盐渍土的 CSR 36 和孟加拉国海水淹没土壤的 BRRI Dhan 10。我们（回顾性地）了解了这种耐盐性的一些分子基础：钠转运体 OsHKT1;5 的特定等位基因的存在可增强 Na^+ 排斥（表 10-1）。这些基因在 Nona Bokra 中被鉴定为 QTL SKC1，在 Pokkali 中被鉴定为包含 OsHKT1;5 的基因组区域 Saltol（Ismail and Horie，2017）。分子标记现在正被用于加速育种，增强耐盐性及其他与盐渍土相关的特性如耐涝性。

11.2.2 基于性状的育种

缺乏快速可靠的筛选方法一直是探索大量种质资源、筛选比现有品种更耐盐的基因型，以及将耐盐性状引入先进的育种品系以提供新的耐盐品种的主要制约因素。Munns 和 James（2003）总结了实验室或温室中选择耐盐性的多种方法及其优缺点。最简单的方法是在发芽时进行筛选，对于大量基因型而言这是一种快速简便的检测方法。然而，对于大多数物种来说，发芽时的基因型差异与后期生长或产量的基因型差异之间几乎没有相关性。最可靠、最有效的方法是测定叶片中 Na^+ 或 Cl^- 的积累率，选择积累率较低的个体。

理想条件下，生物量或谷物产量应该是耐盐性的最终标准。通过添加盐分的水培或砂培，可以方便地选择三叶草或紫花苜蓿等牧草的不同基因型，这是因为这些牧草每 6～8 周可以进行一次刈割，便于重复。谷物更难评估，因为谷物产量需要在盐渍化农田中测定。柑橘和葡萄等多年生园艺物种的产量也是如此。然而，土壤质地和表面高程的不均匀性会导致土壤水分缺乏或渍水，影响土壤盐分和紧实度，这些会给田间试验带来干扰。由于土壤盐分在水平与垂直方向上空间变异性大（图 3-1），这种非均匀性使得育种试验的验证变得很困难。1000 个左右的育种小区（1 m×2 m）的土壤盐分含量需要采用校准后的 Geonics EM38 等简单易用的电磁感应仪测定（3.4 节）。将小区的 EC 值作为协变量纳入统计分析，对于寻找盐渍土中产量较高的硬粒小麦基因型（Munns et al.，2012）、面包小麦和大麦基因型（Setter et al.，2016）至关重要。

11.3 现 状

在过去 20 年中，新耐盐种质的选择及其在后续育种中的使用依赖于性状和分子标记，这些性状可以通过遗传分析作为数量性状位点（QTL）（例如，Lindsay et al.，2004）获得，或通过全基因组关联分析（GWAS）（例如，Saade et al.，2016）获得。

对于许多作物来说，离子排斥的遗传变异与耐盐性高度相关，测定叶片中离子积累量是最精确、最有效的筛选方式，具有定量和非破坏性，如硬粒小麦（Munns and James，2003）和水稻（Platten et al.，2013；Yeo and Flowers，1986）叶片中 Na^+ 的排斥。下面我们介绍一个成功的案例，即利用分子标记 Na^+ 排斥性状，将一个小麦近缘植物的耐盐基因导入了一个硬粒小麦品种。

硬粒小麦（小麦属圆锥小麦变种，硬粒小麦，四倍体）缺乏在普通小麦（小麦属普通小麦，六倍体）中发现的 Na^+ 排斥基因。通过叶片 Na^+ 排斥的筛选方法分析了 60 种硬粒小麦近缘植物，在一个名为品系 149 的罕见硬粒小麦基因型中发现了与普通小麦相同的 Na^+ 排斥（图 11-1）。品系 149 与硬粒小麦品种 Tamaroi 杂交，Tamaroi 的叶片 Na^+ 浓度为前者的 5 倍，随后的遗传分析表明，Na^+ 排斥是由两个名

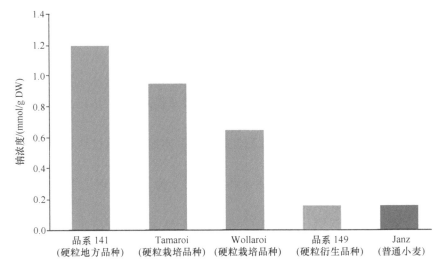

图 11-1　生长在添加 Ca^{2+} 的 150 mmol/L NaCl 中的普通和硬粒小麦基因型叶片在 10 天后的 Na^+ 浓度。Tamaroi 和 Wollaroi 是澳大利亚硬粒小麦；Janz 是一种普通小麦。为了进行遗传分析，品系 149 与其他三个高 Na^+ 硬粒基因型杂交（Munns et al.，2003），揭示了两个名为 *Nax1* 和 *Nax2* 的基因。

为 *Nax1* 和 *Nax2* 的基因控制的（Munns et al.，2003）。进一步的杂交使这两个基因得以分离，这两个基因被鉴定为 HKT1 转运体（见下文）。在多个地点进行的田间试验表明，*Nax2* 在重度盐渍土上增产 25%，而不影响较好的土壤上的产量（Munns et al.，2012）。然而，*Nax1* 的产量损失超过了它的 Na$^+$ 排斥优势。这种产量损失在温室试验中并不明显，但在大田试验中却变得显著（James et al.，2012）。

11.3.1　表型组学

对于一个性状是多基因且覆盖不同染色体区域的作物品种，分子标记的价值有限，主要基于表型组学进行选择。现在田间试验和实验室通常使用高通量表型分析方法，可以在有限的操作和劳动力下有效地筛选大量植物。在不具有可选择的盐分特异性状的物种中筛选耐盐性，只能使用非破坏性方法，这些方法包括通过光合作用、气孔导度、叶绿素荧光和光谱反射率评估生物量增长。利用彩色成像，结合植物的叶面积和生长速率的非破坏性测定，可以将盐分对新叶生长的影响与老叶的加速衰老和死亡分开（Negrão et al.，2017）。成像可以将植物生长的短期渗透效应与长期离子效应区分开来。红外热成像技术广泛用于检测无土栽培、盆栽和田间小区中基因型间的差异（Esmaeili et al.，2017）。此外，高光谱成像用于量化水分状况和光合能力的差异，并检测耐盐性的基因型差异，例如，开花后小麦品种间的差异（Hu et al.，2017）。

11.3.2　基因发现

耐盐基因的研究采用以下几种方法。

（1）QTL 的精细定位。这种方法被用于发现从木质部找到 Na$^+$ 的基因，即硬粒小麦中的 *Nax* 基因，以及水稻中的 *SKC1*/*Saltol* 基因（表 10-1）。小麦和水稻育种学家正在利用这些基因。

（2）诱变和高通量筛选，如观测含盐基质中的根长。通过这种方法发现了拟南芥中的 SOS1（Shi et al.，2000）。

（3）应用植物生理学、生物化学和电生理学原理，发现了 NHX1 和 AVP1（表 10-1）。

（4）"组学"方法，其中列出了胁迫处理后转录子、蛋白质或代谢物的整体变化，在对照和胁迫处理之间，或者在已知耐盐性不同的两种基因型之间进行比较。到目前为止，这种方法没有发现新的基因，而是列出了数百个在胁迫下上调或下调的已知基因或蛋白质。当蛋白质组学和代谢组学与通量分析相结合时，可以看到代谢途径的变化，如呼吸效率和 GABA 分流（Che-Othman et al.，2020）。

到目前为止，被发现并证明是耐盐机制的一部分的候选基因大多是 Na^+、K^+ 或 Cl^- 的膜转运蛋白。很少有转录因子在下游靶基因或其作用的细胞或组织中具有已知的功能。目前尚不清楚信号通路中的基因是否对盐分具有特异性，但它们与干旱、高温和低温等降低生长速率的其他非生物胁迫具有共同点。

11.3.3　转基因

拟南芥基因组的利用极大地加快了候选基因的测序和功能分析。大约有 7300 篇关于拟南芥耐盐性的论文（Web of Science），关于 6 种主要作物（小麦、水稻、玉米、大麦、大豆和油菜）的有 9200 篇。但这项工作在多大程度上提高了大田作物的耐盐性呢？

Roy 等（2014）在其文章的表 1 中总结了 27 个在不同作物中过量表达的、具有"盐胁迫期间植物转基因表现"的基因（除了 3 个例外），这些转基因尚未在大田进行测试或移交给商业化植物育种学家。在 Mujeeb-Kazi 等（2019）关于小麦耐盐性基因工程的综述中，有 45 篇文献采用其他物种的基因转化小麦或用小麦的基因转化其他物种，只有 1 篇包括了大田表现；AtNHX1 的过量表达提高了普通小麦的产量（Xue et al.，2004）。一个值得注意的成功案例是大麦，AVP1 的过量表达增加了非盐渍土和盐渍土上的生物量及产量（Schilling et al.，2014）。几十年来，人们研究了作为渗透调节物质的有机分子（如脯氨酸）积累的基因过量表达，但在盐渍土上，没有一个品种的脯氨酸积累增强、产量提高。

11.4　展　　望

迄今为止，QTL 仍然是育种学家进行遗传分析的主要工具，但是在预育种中做出的努力对耐盐品种的产生贡献很小（Mujeeb-Kazi et al.，2019）。同样，早期对 GWAS（全基因组关联研究）发现新的耐盐位点及其在品种开发中的后续利用的期待仍未实现，这是由于缺乏：①在盐渍土上，该性状对植物生长和产量的定量及可重复的测定；②为 QTL 分析或基因阵列选择最佳亲本。在选择技术和种质多样性方面还有待进一步研究。

10.2 节中介绍的编码 Na^+ 转运体的关键基因应该使用拟南芥以外的物种进行研究，可以使用适于转化且没有复杂基因组的作物品种（如水稻和大麦）。组学方法应采用适当的处理，如渐进的和中度的盐胁迫，而不是重度的和突然的盐胁迫（如突然增加 200 mmol/L NaCl）。渗透压冲击会导致质壁分离，并诱导酶的合成，修复细胞突然收缩造成的创伤，这可能至少需要 24h 才能修复。逐渐施加胁迫时，基因表达模式与盐冲击条件下有很大不同（Shavrukov，2013）。细胞特异性和组织特异性表达对于转运体和转录因子的功能至关重要，因此研究应该考虑这一点，如单独分析成熟组织的生长。

商业作物育种学家对耐盐基因的接受程度非常缓慢，而且以拟南芥等模式植物开展的研究很少在大田得到验证，因此，应鼓励植物育种学家在项目的早期阶段与生理学家、分子生物学家和农学家密切合作，只有这样，分子生物学才能应用到田间并达到作物生产的目标（Passioura，2020）。

通过基础战略研究显然有机会获得可观的产量收益，尤其是利用野生品种的预育种结果，提高作物的非生物胁迫耐受性。关于未来研究的其他建议，包括利用预育种方法寻找耐盐性状，而不是专注于拟南芥等模式植物。此外，虽然细胞水平的研究有可能促进我们对耐盐机制的生理学理解，但与此同时，应在田间水平进行大量投资，采用最新的表型分析方法。

小结： 作物种类及其近缘植物中存在未开发和未充分利用的生物多样性，可以利用这些生物多样性来改善盐渍土上作物生产的种质资源，而无需采用目前许多国家仍无法接受的转基因改良方法。分子和基因组工具越来越广泛地被育种学家使用，它们在快速世代更替、改进表型、环境类型和分析方法方面的不断进步可以提高育种中的遗传增益。进一步了解分子和生理水平的机制将补充这些新技术，并为农户提供盐碱地作物增产的替代方案。虽然遗传改良不能永久地解决土壤盐分增加的问题，耐盐作物也无法使土地脱盐，但由于盐渍化区的利润率很低，产量如能增加 10%，就可能使这里的农民利润翻倍。

12 重点9：盐分含量和钠化度对土壤物理性质的影响

12.1 引　言

在大多数以钠盐为主的盐渍化地区，盐分含量和钠化度是相关的，但它们对土壤环境的影响不同。"盐分含量"通常以可溶性总盐来衡量，通过渗透效应、离子毒性，或对植物生理过程的负面作用，影响植物生长和产量（第10章）。"钠化度"通常由土壤溶液的ESP（即交换性钠的百分数）或SAR（钠吸附比）定义，可通过影响土壤物理性质抑制植物生长（第2章）。自然气候和土壤过程可导致盐渍土形成钠质土。在灌溉农业中，采用含钠水会使土壤吸附 Na^+，从而导致钠质土的形成。含盐量较低的钠质土变湿润时会膨胀和分散，导致土壤结构破坏，从而使近地表土壤中水分和空气运动减少（Shainberg and Letey，1984；Sumner and Naidu，1998），并限制土壤的通气和入渗。钠化度对土壤物理性质的作用受土壤盐分含量水平的影响（6.1节）。在咸水之后使用去离子水（EC<0.03 dS/m），模拟低盐雨水渗透条件时，导水率（K）急剧降低。研究表明，因"冲刷"而分散的黏粒向下迁移，堵塞土壤孔隙，进而限制水分的向下运动（Minhas et al.，2019）。因此，盐分含量-钠化度的相互作用在认识和管理土壤物理过程中是非常重要的。

12.2 回　顾

自20世纪早期以来，人们对物理性质较差的分散性土壤进行了研究（如 Puri and Keen，1925）。区别于盐质土，钠质土的早期术语是"碱性土"和"碱土"（Kelley，1951；Szabolics，1989）。这些分散性土壤钠含量较高，且 pH 呈碱性。尽管在胶体和黏土矿物学研究中，一价阳离子 K^+ 和 Na^+ 与黏土的膨胀和分散有关，但由于钠在盐渍化土壤中普遍存在，因此在土壤调查中仅考虑了钠。一般认为，钙和镁都有助于维持土壤结构的稳定性。在20世纪上半叶，关于土壤 pH、阳离子吸附和交换的争论非常激烈（Bolt，1997；Raats，2015）。

土壤钠化度（ESP）可以反映碱度（吸附态钠）水平，表示为：

$$ESP=100[Na_{ex}]/CEC \qquad (12-1)$$

式中，$[Na_{ex}]$ 为交换性钠离子；CEC 为阳离子交换量，均以 meq/100 g 表示。几篇综述（Bresler et al.，1982；Qadir and Schubert，2002；Shainberg and Shalhevet，

1984；Sumner and Naidu，1998；等等）评估了 ESP 增加对土壤结构破坏的影响，即增加黏粒分散、土壤板结、土壤紧实度和土壤侵蚀程度，同时降低饱和与非饱和导水率（分别为 K_s 和 K_{uns}）、入渗和排水速率以及通气孔隙度。

钠吸附比（SAR）最初是基于 Schofield（1947）提出的"比率定律"衍生出来的，用于预测土壤溶液或灌溉水中的钠在交换点位上的吸附，该过程与溶液中的二价阳离子有关，并用作灌溉水质分类的标准（2.2 节）。灌溉水 SAR 没有考虑土壤矿物溶解性导致的土壤溶液中阳离子浓度的变化。Ayers 和 Westcot（1985）、Suarez（1981）和 Rhoades（1982）讨论了如何调整 SAR，以解释灌溉水中碳酸氢盐和碳酸盐离子含量增加，导致钙离子或镁离子沉淀，使土壤溶液中离子浓度发生变化。

全世界不同地区采用 ESP 对钠化度的定义各不相同。例如，美国的 ESP 临界值为 15（US Soil Salinity Laboratory Staff，1954），而澳大利亚的 ESP 临界值为 6（Isbell，2002），这可能是因为 ESP 临界值因多种土壤因素而异。具体来说，黏粒含量、矿物类型、有机质含量与组成、土壤电解质浓度和组成、pH、交换性阳离子类型（包括 K^+、Mg^{2+} 和 Al^{3+}）、铁铝氧化物及胶结物质（如碳酸钙）等土壤因素，单独或综合决定了 ESP 的大小，影响着土壤结构和物理性质（Rengasamy and Sumner，1998）。

20 世纪中期，科学家们认识到土壤溶液或灌溉水盐分可以减少土壤钠化度对土壤物理性质的影响。在他们的高被引论文中，Quirk 和 Schofield（1955）将"临界电解质浓度（TEC）"定义为导致钠质土渗透性比非钠质条件下测得的初始值降低 10%～15% 的浓度。此研究认识到钠化度对土壤物理性质的影响，进而有了石膏等电解质的农田应用，并区分了钠质土和盐质土。随后，基于土壤导水率、入渗速率和黏土分散的评估研究，通过多种模型将 ESP（或 SAR）和水电解质总浓度联系起来，以确定不同钠化度水平下土壤物理性质对作物生产没有不利影响的 TEC 值（Ayers and Westcot，1985；Bennett and Raine，2012；McNeal，1968；等等）。然而，这些研究也证实，TEC 模型并不通用，除了盐分含量和钠化度以外，还取决于土壤因素（Sposito et al.，2016）。

已经有很多学者尝试用理论和经验模型来模拟钠化度和盐分含量对钠质土水分保持及导水率的影响。理论模型基于扩散双电层理论（Russo，1988；Russo and Bresler，1977a，b），而经验模型（Dane，1978；McNeal，1968；Simunek et al.，1999）基于室内实验。然而，预测钠化度对导水率、孔隙度、保水性和土壤淋洗能力的影响（Assouline et al.，2015；Ben-Gal et al.，2008；Russo et al.，2009）已被证明是困难的，因为它们依赖于许多土壤因素。

12.3　现　　状

早期的研究侧重于扩散双电层理论和胶体悬浮液中的各种静电力（van

Olphen，1977），以解释钠质土中土壤结构的变化。为了认识土壤结构体的崩解和
分散机制，有必要考虑结构体由干变湿的初始阶段发生的所有微观过程。尤其是
黏粒-离子键与极性水分子的相互作用，土壤在第一阶段发生膨胀，进而导致结构
体崩解，之后在完全湿润时土壤黏粒分散（Rengasamy and Sumner，1998）。根据
他们的研究，Marchuk 和 Rengasamy（2011）提出用 CROSS 指数（使土壤结构稳
定的阳离子比）代替 SAR：

$$CROSS=(Na+0.56K)/[(Ca + 0.6Mg)^{0.5}] \tag{12-2}$$

式中，所有阳离子浓度均以 mmol/L 表示。Sposito（2016）也给出了基于这些离
子指标的黏粒聚集的案例。正如预期，CROSS 指数和黏粒分散或土壤导水率之
间的关系因土壤因素而异（Farahani et al.，2018；Jayawardane et al.，2011；Oster
et al.，2021）。

　　Rengasamy 等（2016）提出了黏粒分散的净分散电荷概念。在特定的土壤
pH 下，土壤的负电荷数量通常以 CEC 表征。这种负电荷会吸附阳离子，这些阳
离子以不同的离子度和价态与土壤颗粒结合，根据 Rengasamy 等（2016）的计
算，确定其分散和絮凝能力。当土壤的分散电荷大于絮凝电荷时，黏粒发生分散
（图 12-1），两者之差定义为净分散电荷；如果絮凝电荷大于或等于分散电荷，则

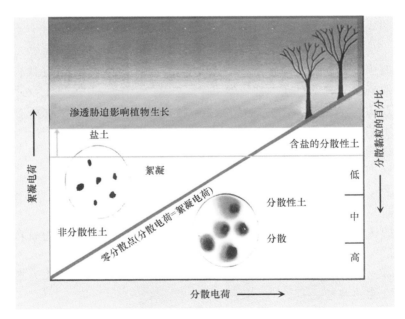

图 12-1　根据分散电荷、絮凝电荷和分散黏粒百分比区分盐质土和钠质（分散性）土。零分散
点代表临界电解质浓度（TEC）。参考 Rengasamy，P.，2016. Soil chemistry factors confounding crop
salinity tolerance—a review. Agronomy 6(4), 53. https://doi.org/10.3390/agronomy6040053，经
MDPI CC BY 4.0 许可。

发生絮凝。这一概念的引入解决了有机质、黏土矿物、交换性阳离子组成、电解质浓度和组成与黏粒分散有关的诸多争议，尤其是 K^+ 和 Mg^{2+} 对土壤结构稳定性的影响。基于这一概念，Rengasamy（2018）重新定义了零分散点，相当于 TEC，考虑了单个阳离子对絮凝过程的影响。

需要注意的是，实验室结果在野外条件下需要做出适当的解释。在干旱和半干旱条件下，灌溉水含有相当数量的 Na、Ca 和 Mg 盐分，它们与土壤导水率的交互作用在很大程度上取决于它们的相对比例（Chaudhari et al.，2010）。Hamilton 等（2007）的研究表明，钠化度的影响取决于灌溉前的初始土壤含水量以及干湿循环的持续时间。此外，van der Zee 等（2014）的研究表明，钠质土对土壤水力学特性和低盐分含量降雨入渗的影响取决于湿润事件的时序结构。他们发现，对于导致土壤水分和土壤盐分发生微小变化的降雨状况，这种影响可以忽略不计，而对于季节性降雨模式，这种影响更为显著。Russo 等（2004）分析了地中海气候下蒙脱石黏土中的流动和运移过程，在这种气候下，需要灌溉的长旱季与明显多雨的冬季交替出现。他们分析了长期影响，结果表明，灌溉季土壤导水率略有下降，但在雨季，由于低盐分含量降雨稀释了土壤盐分，可使导水率显著下降。

12.4 展 望

有必要更好地了解盐分含量和钠化度的相互作用，以制定适宜且高效的方法来治理及改善盐分和钠对土壤性质的不良影响，并为盐质和钠质土设计合理的修复方案。在田间条件下，由于排水条件、淋洗分数、土壤耕作和灌溉方式不同，钠质灌溉水的化学和物理效应差异较大。为了找到切实可行的方法，以减轻灌溉水对土壤结构的影响，有必要综合考虑所有这些因素。

几个知识缺口和任务如下。

（1）改进描述土壤溶液中一价和二价阳离子与 CEC 相互作用的方法及模型，以及它们对与土壤崩解、分散和膨胀相关的黏粒组分的影响。

（2）改进描述土壤钠化度和盐分含量对土壤水力学性质影响的概念及物理半经验模型。

（3）研究 CROSS 分散电荷关系，开发基于 CROSS 的模型，作为指导灌溉土壤结构稳定性的参考。

（4）开发估算土壤净分散电荷的方法，以便将其应用于钠质土改良过程的模拟。

（5）确定影响作物生产力的黏粒分散临界水平。

小结： 目前关于盐分含量和钠化度对土壤物理性质影响的知识有限，需要进行更多的基础研究。关于土壤盐分含量和钠化度改变引起的土壤水力特性（如土壤保水性、导水率、溶质运移和土壤通气特性及过程）动态变化的定量化工作相对较少。土壤结构退化程度复杂，除了土壤盐分含量和钠化度，还受许多其他土壤性质的影响，这使得研究缺口尤其明显。与土壤和植物管理措施相结合，模拟灌溉水和土壤盐分的土壤水流和溶质运移模型必须包含这些信息。

13 重点 10：非常规水资源灌溉的限制和机会

13.1 引　　言

灌溉农业想要发展，就必须开拓利用新的水资源，也就是以前被视为"边际"的咸水、处理过的污水和脱盐水，以满足未来日益增长的灌溉需求（Assouline et al.，2015；Gleick，2000；Grant et al.，2012；Tal，2006）。但是，为了使这一努力取得成功，必须平衡农业、经济和环境因素，包括应对土壤水文生态功能所面临的长期风险。

依靠临界质量的非常规水资源发展的灌溉农业，尤其是在水资源有限且人口密集的干旱地区，必然会增加盐渍化的风险。在全球范围内，约 71 亿 m^3 经处理的城市废水得到重复利用，主要用于灌溉（约 50%）和工业（约 20%）（Vergine et al.，2017）。虽然这种做法扩大了灌溉和工业的总体供水量，但世界上仍有许多地方没有利用该技术的潜力。

然而，在过去几十年里，发展中国家及工业化国家的半干旱和干旱地区农业的废水使用量有所增加。虽然需要通过淋洗将根区盐分降至最低（第 6 章），但这种"良好"的农艺措施可能会污染地下水，进而导致恶性循环，这种作物产量的最大化是以地下水污染加剧为代价的，威胁到这种做法的可持续性。除了土壤盐渍化，经处理的废水由于接触微生物病原体或化合物（重金属、有毒有机物和人工合成的化合物），可能会对公共健康构成威胁，因此需要适当的监管（Aiello et al.，2007；Qadir et al.，2010；Scheierling et al.，2010；Shuval et al.，1986；Toze，2006；Vidal-Dorsch et al.，2012）。除增加地下水污染外，这种做法还可能对土壤生态和功能造成各种环境风险。

13.2 回　　顾

在农业中重复使用处理过的污水（TE）有着悠久的传统（Shuval et al.，1986），尤其是在靠近城市中心的土地上。高浓度的盐分，尤其是以钠（Na^+）为主的盐分，以及有机化合物的存在，被确定为 TE 灌溉相关的主要风险（Balks et al.，1998；Feigin et al.，1991）。这些成分的加入，增加了灌溉土壤的钠化度（ESP）（Halliwell et al.，2001；Shainberg and Letey，1984），从而影响土壤结构的稳定性。20 世纪 60～

80 年代，盐分含量和钠化度对植物和土壤的影响及其机制得到了广泛研究（Ayers and Westcot，1985；Bresler et al.，1982；Maas and Hoffman，1977；Rhoades，1999）；另见第 2 章和第 12 章。

TE 灌溉的独特之处在于有机物（OM），尤其是可溶性有机物（DOC）与高浓度钠的结合。许多研究发现，在 DOC 存在的情况下，黏粒分散性会增强（Frenkel et al.，1992；Quirk and Schofield，1955；Tarchitzky et al.，1993，1999）。Nelson 和 Oades（1998）回顾了有机质对土壤钠化度影响的文献，他们认为，当采用一定量盐分的灌溉水时，有机质含量较低的土壤 ESP 增加，这是因为土壤中 Na$^+$ 的交换选择性随着有机质含量的增加而降低。然而，有研究表明，有机质既可以是黏结剂，也可以是分散剂，这取决于 ESP 的水平、有机质的特殊化学性质以及土壤机械扰动的程度。特别是在 TE 灌溉后，存在阴离子组分、高 ESP 和机械扰动土壤（Churchman et al.，1993；Nelson and Oades，1998）的情况下，溶解的 OM 会分散土壤黏粒。

Tarchitzky 等（1999）研究表明，使用 TE 淋洗的土壤的导水率急剧下降，但是使用成分相似的电解质溶液（但缺乏 DOC）淋洗土壤时，导水率仅有小幅度下降。这是因为带负电的 OM 与 2∶1 型黏土矿物颗粒边缘带正电的表面的相互作用，阻止了颗粒的边-面缔合，无法凝聚（Tarchitzky et al.，1999）。因此，TE 中的有机部分，尤其是溶解的部分，在钠化度和土壤结构稳定性方面并不总是有益的。Churchman 等（1993）对有机质与土壤渗透性之间的复杂关系进行了综述。

13.3　现　　状

在过去的 20 年里，已有的研究提高了我们关于 TE 灌溉对土壤性质影响的认识。黏质土长期 TE 灌溉会导致土壤物理和化学性质显著恶化（Aiello et al.，2007；Assouline et al.，2016；Assouline and Narkis，2011；Lado et al.，2005，2012；Levy and Assouline，2011）。TE 灌溉的土壤中的 ESP 通常高于土壤溶液的 SAR（Assouline et al.，2016；Levy et al.，2014）。一种可能的解释是，灌溉水的 SAR、土壤溶液的 SAR 和土壤 ESP 之间不平衡（Keren，2012；Nelson and Oades，1998）。土壤结构稳定的阳离子比（CROSS）被认为是一种更合适的指标，可以取代 SAR，因为 CROSS 考虑了钾（K）在分散中的作用，同时也折扣了 Mg 在絮凝中的作用（Sposito et al.，2016）。例如，下面的 CROSS$_{opt}$ 表达式是对式（12-2）中 SAR 表达式的进一步修正，包含了基于 Smith 等（2015）试验土壤优化得到的系数：

$$CROSS_{opt} = \frac{Na + 0.335K}{\sqrt{(Ca + 0.0758Mg)}} \qquad （13-1）$$

Assouline 和 Narkis（2011）、Coppola 等（2004）、Aiello 等（2007）对长期使

用 TE 灌溉后黏质土的物理和水力学性质，以及渗透性变化进行了详细的定量描述。Assouline 和 Narkis（2011）的一个有趣发现是土壤退化程度与深度有关。TE 灌溉引起的 K_s 值下降程度在上层土壤中最大，并随深度逐渐减小。此外，在不同深度，对土壤保水和导水功能的影响程度不同，这表明长期使用 TE 灌溉将对土壤剖面中不同深度层次产生不同的影响，具体取决于土壤性质、水质、灌溉管理、植物吸收和气候条件。土壤性质的变化影响了土壤中主要水流过程（入渗、排水和蒸发）的通量，从而影响植物的水分和养分有效性。

根区氧气浓度充足对植物的健康行为至关重要（Armstrong，1979；Glinski and Stepniewski，1985）。Assouline 和 Narkis（2013）证明，TE 灌溉的土壤水力特性的变化不仅影响土壤水分状况，还影响根区通气性。TE 灌溉还会影响土壤微生物活性（del Mar Alguacil et al.，2012；Elifantz et al.，2011）和细菌群落组成（Frenk et al.，2013）。与 TE 灌溉有关的有机质输入增加及保水性变化，可能会导致土壤通气性和氧扩散率降低。

大多数受资助的研究项目的持续时间较短（很少超过 3 年），限制了我们对 TE 灌溉长期影响的认识。大多数研究指出 TE 和当地淡水（FW）灌溉在作物产量方面没有显著的统计差异，但不包括特定离子的毒性问题，如高硼浓度的影响（Pedrero et al.，2010）。最近在以色列进行的长期研究表明，用 TE 滴灌的黏质土（黏粒含量约 50%）上种植的果园产量有系统性下降（Assouline et al.，2015）。经过连续 10 多年的 TE 灌溉，鳄梨和柑橘产量比当地 FW 灌溉条件下降低了 20%～30%（图 13-1）。关于 TE 灌溉导致产量下降的机制尚不清楚，可能涉及影响植物功能的多种化学、物理和生物土壤特性间的相互作用。

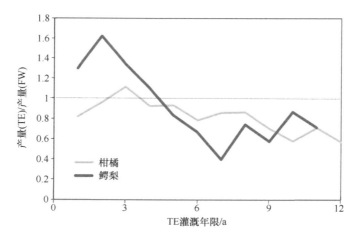

图 13-1　长期 TE 灌溉对产量的影响：鳄梨和柑橘 TE 灌溉与 FW 灌溉的产量比随 TE 灌溉年限的变化。

13.4 展　　望

促进劣质水资源成功利用的一种方法是采用适合当地土壤和气候条件的灌溉方式，并且灌溉和施肥管理协议要因地制宜（Assouline et al.，2020）。加压灌溉方式，尤其是滴灌，比传统的地面灌溉效率更高，而且可以将环境影响和健康风险降至最低，但目前全球尚未普遍使用。这些优势是以基础设施、知识、维护和作物歉收或土壤退化的潜在风险为代价的（Assouline et al.，2006；Assouline and Ben-Hur，2003；Phene and Sanders，1976；Schneider et al.，2001）。相对于灌溉方式在效率和作物响应方面表现的大量研究，我们对劣质水灌溉条件下不同灌溉方式对土壤健康和生态功能的长期影响知之甚少。有证据表明，利用由不同淡水灌溉方法获得的知识推断劣质水灌溉的长期表现是不可靠的，需要对 TE 灌溉情况下的地下土壤生态和水文响应进行特定监测。

对来源于城市、工业、矿业和灌溉排水等处理过的废水利用日益增加，因此需要考虑各种离子和 DOC 对土壤溶液及交换相中化学形态的多重影响，将其作为灌溉水组成、通过土壤剖面的水分运动和溶质运移，以及作物吸水的函数（Sposito et al.，2016）。此外，模型需要解决物理传输及地球化学问题（Visconti，2016）。除此之外，必须了解和量化 TE（通常含有较高的 Na^+、K^+、Mg^{2+} 和 DOC）对土壤渗透性和导水率的影响。

目前关于水质和土壤特性之间关系的认识主要局限于化学性质的钠化度和盐分含量，与其他参数的关系尚未明确。例如，对 pH、SOM、质地、黏土矿物、耕作和灌溉方式影响的评价，目前主要依靠田间经验。因此，完善和进一步改进现有的认识和管理 TE 灌溉的技术途径及其相应影响因素，是未来面临的重要挑战和机遇。

随着 TE 利用的增多，脱盐技术不断发展，其成本不断大幅降低，使得海水和微咸水的大规模脱盐（Grant et al.，2012）得以实现（Beltran et al.，2006；Elimelech and Phillip，2011；Tal，2006）。脱盐水（DS）正成为具有竞争力的灌溉水源，特别是对高价值、盐分敏感的经济作物（Kaner et al.，2017）。一项关于香蕉灌溉的研究表明，相对于灌溉量相同的淡水灌溉，采用脱盐水灌溉可使产量增加约 20%，如果以实现规定的商业收益为目标，则灌溉量可显著减少约 30%（Silber et al.，2015）。然而，也有研究表明，需要对这种无矿物质水采用特殊的施肥方案（Ben-Gal et al.，2009a，b；Yermiyahu et al.，2007）。脱盐对水资源和环境具有显著的积极影响，包括增加可利用的优质水资源，以及在市政利用和回收后提高 TE 的质量。但脱盐也对环境造成了一些负面影响，主要是脱盐过程中的卤水处理、用于防污和防腐的化学添加剂，以及可能增加温室气体排放的高能耗。

在干旱区使用劣质水进行灌溉时，土壤盐渍化几乎是不可避免的。也就是说，实际影响取决于灌溉方式、土壤性质的空间分布、地形、栽培技术、天气和区域水文条件（当地地下水位和水质）。通过混合不同质量的水源来改善灌溉水质的技术已经被考虑，并与灌溉方式相适应（Assouline et al.，2015；Ben-Gal et al.，2009a，b；Russo et al.，2015）。适宜的混合比例是取决于特定的土壤性质、气候条件和作物特性的可操作变量。

小结：在利用劣质水的地区，灌溉农业的发展无疑会影响到原有的脆弱环境，并威胁到这些农业生态系统的整体可持续性和功能性。未来的挑战是制定相关策略，在增加粮食产量的同时保护土壤生态功能，最大限度地降低人类健康风险，并促进农业用地和水资源的可持续利用。

利用低质水或劣质水，实现可持续的、对环境友好的集约化农业，必须解决一些最关键的知识缺口：①对公共健康的风险，例如，废水使用导致的抗生素耐药性，或对土壤系统生态功能的长期影响；②劣质水与生物和生态组分之间的相互作用；③未来极端气候等条件对农业生态系统可持续性的影响。

14 其他的土壤盐渍化研究需求

14.1 引　　言

在本章中，我们确定了其他几个与土壤盐渍化影响相关的、值得关注的研究领域，但在前文的 10 个研究重点（第 4～13 章）没有明确涵盖。本章对这些研究主题仅进行简要讨论，主要是因为现有文献有限，但可能值得进一步推敲。这些研究领域包括：与气候变化、土壤微生物和植物养分有效性的相互作用；生物炭改良盐渍土可能产生的有益影响；在盐渍土上种植生物能源作物的潜力。最后，我们回顾了与盐渍化相关的社会经济影响和估计的经济损失。

14.2　气　候　变　化

气候变化可能会加剧土壤盐渍化，特别是因为温度升高导致作物需水量增加、海平面上升，以及对淡水灌溉的进一步受限（Daliakopoulos et al.，2016）。Szabolics（1990）提出，气候变化可以使盐渍土的面积扩大一倍。政府间气候变化专门委员会最近在其关于气候变化和土地的报告（IPCC，2019）中确认了气候变化对土地退化的全球影响，分析了气候、土地退化和粮食安全之间的相互作用及反馈。气候变化对土地退化最重要的直接影响是温度升高、雨型改变和降水量增加。海平面上升和地下水超采引起的地面沉降，使得海水入侵沿海地区，此外，蒸散和降雨状况的改变也加剧了土壤盐渍化。土地退化和气候变化之间的许多重要间接联系都是通过农业方式发生的。土壤退化（包括盐碱化）导致的减产可能会引发其他地方的农田扩张，进入自然生态系统、边际耕地，或者提高集约化程度，从而可能导致土地退化加剧。此外，降水量和温度变化将引发土地和作物管理的改变，例如，种植和收获日期、作物类型和品种的变化。如前所述（第 8～10 章），关于特定胁迫因子（如干旱、盐分、高温或渍水）对植物的影响已经开展了很多研究，但是多个胁迫因子如何同时影响植物的相关研究较少，后者在气候变化的背景下更为现实。

气候变化正在导致全球海平面上升，特别是热带和亚热带地区。在全球尺度评估海水入侵造成的盐渍化程度仍然具有挑战性。沿海地区的海水入侵通常是由潮汐活动增加（风暴潮、飓风）、地下水开采增加或土地利用变化引起的，导致附近淡水含水层受到污染（Uddameri et al.，2014）。巴基斯坦的印度河三角洲（Rasul et al.，2012）、美国加利福尼亚州的圣华金河谷（SJV）（15.2 节）和大西洋北海沿岸国家（15.8 节）都是海水入侵导致土壤盐渍化加剧的例子。

气候变化对土壤盐渍化的直接影响直到最近才被发现。Hopmans 和 Maurer（2008）针对加利福尼亚州西部 SJV，在区域尺度研究了全球气候变化对灌溉农业可持续性的潜在影响。模拟研究（区域尺度水盐模型）基于三种温室气体排放情景下大气环流模型（GCM）对 2100 年之前的气候预测，分析了灌溉水需求和供应的潜在变化，并量化了对种植模式、地下水开采、地下水位、土壤盐分和作物产量的影响。由于温度上升对蒸发需求和作物生长速率的补偿效应而导致的作物需水量变化预计不大。这项模拟研究推断，地表水供应的减少将会通过地下水开采和土地休耕来补偿，而低地区域的土壤盐分预计将增加，从而限制作物产量。研究结果还表明，技术调整，如提高灌溉效率，可能会部分缓解这些影响。另一项针对突尼斯沿海地区的最新计算机模拟研究（Haj-Amor et al.，2020）模拟了沿海含水层盐分的变化，以及抵消增加的灌溉需求和土壤盐分水平所需的地下水抽水量。Corwin（2020）通过分析选定国家的、具有不同土壤盐渍化过程的各种案例[这些案例的重点是土壤盐渍化发展的监测方法（第 3 章和第 5 章）]，评估了气候变化对土壤盐渍化的影响。

14.3 微生物过程

土壤科学家除了研究气候因素对土壤微生物过程的直接影响，特别是分别通过土壤呼吸和氧化还原反应对二氧化碳、氧化亚氮和甲烷等温室气体排放的贡献外，也正在研究次生盐渍化对土壤微生物过程的影响。例如，在 20 世纪 60 年代灌溉农业扩张后，乌兹别克斯坦的土壤盐渍化显著增加，Egamberdieva 等（2010）通过比较不同盐渍化程度的棉田，指出了土壤微生物生物量随着土壤盐分的增加而减少的情况。他们认为，微生物数量减少是由渗透作用和毒害作用共同导致微生物胁迫增加所致。在随后的一篇综述文章（Egamberdieva et al.，2019）中，盐质土和钠质土中耐盐植物根际促生细菌（ST-PGPR）的分离，证明它们可以缓解生物和非生物胁迫。建议通过接种筛选的根际细菌来恢复盐渍化农业生态系统，提高其生产力和土壤肥力。此外，寻找耐盐作物品种的同时，建议优先进行 ST-PGPR 的基因水平研究。同样，Shrivastava 和 Kuman（2015）提出微生物可以在土壤盐分胁迫管理中发挥重要作用，并指出需要进一步挖掘微生物某些独特的性质，如耐盐性以及与作物的其他相互作用（如植物促生激素的产生和生物防控潜力）。在过去十年中，有研究表明许多不同属的细菌提高了寄主植物对不同非生物胁迫环境的抗性（Grover et al.，2011；图 14-1）。正如这篇关于微生物在缓解非生物植物胁迫中的作用的综述所指出的，微生物的使用可以开辟新的农业研究和应用方向，也为理解胁迫抗性提供了极好的模式，有可能被植入作物以应对土壤盐分等非生物胁迫。

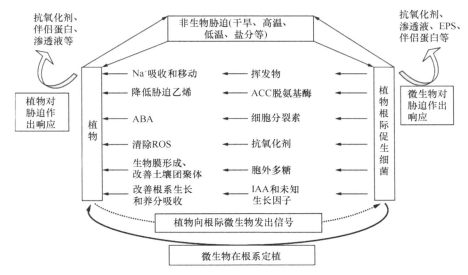

图 14-1　非生物胁迫下植物-微生物相互作用概念图（Grover et al.，2011）。

Marks 等（2016）的研究表明，风暴潮或淡水改道引起的盐沼土壤含盐量的剧烈变化会极大地影响反硝化速率，这与密西西比河三角洲等富营养化水体的营养物去除管理尤其相关。Rath 等（2017）通过细菌对盐土干燥-再湿润的响应研究了这种动态条件，并得出结论：土壤含盐量的增加延长了土壤微生物从干旱中恢复所需的时间，包括它们的生长和呼吸。

14.4　生物炭修复

生物炭是指在氧气有限的环境中，通过加热碳化的有机物。生物炭的性质差异很大，取决于原料和生产条件。与新鲜有机物或堆肥相比，生物炭相对不易分解，因此表现为长期的碳储存。据估计，生物炭的稳定性从几十年到数千年不等，但其稳定性随着环境温度的升高而降低。有研究表明，在土壤中施用生物炭可以改善土壤的化学、物理和生物属性，提高生产力、应对气候变化，同时还可以通过固碳和减少温室气体排放来缓解气候变化（IPCC，2019）。

Chaganti 等（2015）在使用中度 SAR 再生水的条件下，结合其他有机改良剂，评估了生物炭修复盐化-钠质土的潜力。结果表明，无论改良剂施用与否，中度SAR 再生水的淋洗都能有效降低所有供试土壤的盐分含量和钠化度。然而，研究表明，石膏与有机改良剂的结合施用对修复盐化-钠质土更有效，因此在加快改良过程中可以发挥补充作用。Akhtar 等（2015）通过温室试验得出，在不同盐分水平的土壤中添加生物炭改良剂可以减轻盐分胁迫对小麦的负面影响，主要是由于生物炭吸附能力强，降低了植物对钠的吸收，并且可以增加土壤水分、降低渗透胁迫，此外，还可以向土壤溶液中释放矿质养分。然而，建议进行更详细的实地研究，以评估生物炭的长期后续影响。

14.5　植物养分有效性

在利用劣质水增加灌溉水供应的情况下，人们更加注重盐化-钠质土的植物养分吸收影响评估。有研究表明，土壤盐分会导致植物养分缺乏或失衡，这取决于土壤溶液的离子组成，因为它们会影响养分有效性、竞争性吸收、运输，以及在植物内的分配（Grattan and Grive，1999；第 8 章；Fageria et al.，2011）。最明显的是，土壤盐分会影响土壤溶液中养分离子的活性，并产生极端的离子比例，例如，过量的 Na^+ 会导致许多作物 Ca^{2+} 或 K^+ 的缺乏（Grieve et al.，2012）。在盐渍土条件下，由于养分与其他主要盐分之间的竞争，植物对养分的吸收和积累通常会减少，例如，钠质土中钠过量会导致缺钾。土壤盐分与氮素也相互影响，植物吸收养分过程中 NO_3^- 和 Cl^- 之间存在竞争，因此高氯浓度可能会降低硝态氮的吸收和植物的发育（Chen et al.，2010；Jadav et al.，1976；Yasuor et al.，2017），而且通过破坏共生固氮系统也可产生间接影响（Fageria et al.，2011）。

盐分与磷的交互作用因植物基因型、外部盐分和土壤溶液中的磷浓度而异，这在很大程度上取决于土壤表面特性。有证据表明，盐渍土中磷的吸收减少。钙、镁、硫以及微量元素都与土壤盐分、钠等相互作用。这些元素的失衡会导致植物出现各种症状，包括对生物胁迫的敏感性（Bar-Tal et al.，2015）。

14.6　生物质盐土林业

在盐碱土的土地利用中，有一种是利用人工林生产生物质（生物质盐土林业，第 15 章中多个案例研究），因为许多树种对土壤盐分含量和钠化度的敏感性低于农作物。Wicke 等（2011）对盐渍土生物能源的经济潜力进行了全面的综述。他们基于 FAO 土壤盐渍化数据库进行了估计，当包括农用地时，生物质盐土林业的全球经济潜力约为 53 EJ(1EJ=10^{18} J)/a（接近全球一次能源消耗的 10%），不包括农用地时为 39 EJ/a。人们提倡通过人工林来调控旱地的盐渍化条件，采用快速生长的多用途桉树降低浅层地下水位，然而，长期的盐碱胁迫导致其无法取得显著的经济效益（Minhas et al.，2020a，b），这在很大程度上取决于地区的生产成本。

有研究表明，生物质盐土林业可能对某些地区的能源供应有重大贡献，如撒哈拉以南的非洲（SSA）和南亚，并在改善土壤质量和土壤固碳（碳汇林业）方面发挥作用，因此近期有必要研究生物质盐土林业。

14.7　社会经济影响

虽盐渍化造成的生产性土地经济损失难以估计，但仍有各种评估得出的年损失为 250～500 美元/公顷（Qadir et al.，2014），全球每年的经济损失总额为 300 亿美元（Shahid et al.，2018）。正如 Qadir 等（2014）所指出的，在亚洲和撒哈拉以南的非洲，很大一部分盐渍土由小型农户种植，需要开展非农业活动补充收入，其他人则离开土地到城市工作。鉴于全球人口增长的很大一部分预计都在这些地区，因此，优先考虑这些地区的研究和基础设施投资以减轻对农业生产的影响是极为重要的。

Qadir 等（2014）基于作物产量损失，对盐渍化导致的土地退化的生产损失和成本（包括就业减少）进行全面分析，然而，他们指出还需要考虑额外的损失，如失业、健康影响、基础设施损坏和环境成本。他们采用成本效益分析比较了各种案例研究中"不采取行动"和"采取行动"的经济效益。Orton 等（2018）对澳大利亚小麦生产的产量差分析表明，仅土壤钠化度影响就占小麦总产量差的 8%，超过 10 亿澳元。Sabo 等（2010）在对美国西部不断扩大的灌溉区进行可持续性评估时，将实际结果与 Reisner（1986）在《凯迪拉克沙漠》中预测的结果进行了比较，并对美国西部（西经 100 度线以西）因土壤盐分增加而造成的农业收入损失进行了经济分析。利用 USDA NRCS 土壤数据库和现有的作物耐盐性信息，他们估计每年因作物减产造成的总收入损失为 28 亿美元。总之，盐渍化土地的土地价值大幅贬值，并产生巨大的经济影响，土壤盐渍化问题的出现导致对农业用地实践的可持续性提出了质疑（第 16 章）。

15 案 例 研 究

在本章中，我们将按英文字母①顺序介绍全球主要农灌区的案例研究。每个案例首先概述了特定区域或国家导致土壤盐碱化的历史发展，然后介绍了在应对盐渍化影响方面的最新进展。每一节的最后是展望，列出未来需求，以进一步阻控土地退化和土壤盐渍化造成的主要农用地的损失。

15.1 澳 大 利 亚

15.1.1 回顾

澳大利亚是世界上有人居住的最干燥的大陆，年平均降雨量为 420 mm，极易形成盐渍景观。澳大利亚农业技术的发展始于欧洲人定居之后，并在 20 世纪被广泛采用。此前，土著居民通过狩猎和觅食获取食物，他们间接地依靠土壤来获取植物性食物，但没有土壤管理。来自欧洲的移民也不了解他们需要依赖的这里的土壤特性。

数千年来，澳大利亚的陆地景观一直进行着盐分积累，少部分是由风雨从海洋中吹进来的。除了矿物风化之外，盐分积累也与来自大陆西部和西南部的风吹尘埃——风成黏土有关（Munday et al.，2000）。澳大利亚干旱至半湿润地区的许多土壤含有大量水溶性盐，主要是氯化钠。其紧实的底土通常含有中等至高含量的可交换性钠和镁（Hubble et al.，1983），通常被称为双层土。Isbell 等（1983）讨论了澳大利亚盐质土和钠质土的成因及分布，认为多种来源的盐分可能共同导致了目前的盐质土和钠质土。

20 世纪初，澳大利亚政府启动了一项全国范围的土壤调查和土壤分析。早在 20 世纪 30 年代，西澳大利亚萨蒙格姆斯（Salmon Gums）区进行了土壤调查，在调查的 25 万 hm² 土地中，超过 50% 的土地表土和底土（深度 60 cm）中出现了盐分积累（Burvill，1988）。这些调查还发现，就主要土壤类型而言，未开垦地区上层土壤的盐分积累量高于植被清除区。Holmes（1960）在澳大利亚南部莫里地区（Mallee）一个未开发的荒地中距地表 4 m 以下发现了盐分剧增层。

Northcote 和 Skene（1972）研究了大量澳大利亚土壤形态、盐分含量、碱度和钠化度数据，并采用表 15-1 中盐渍土的分类标准，给出了澳大利亚盐质土和钠质土的分布面积。澳大利亚总面积的 32.9% 受盐渍化影响，钠质土占该区域的 27.6%。

---

① 各节依次为 Australia（澳大利亚）、California（加利福尼亚州）、China（中国）、Euphrates and Tigris Basin（幼发拉底河和底格里斯河流域）、India, Indo-Gangetic Basin（印度、印度-恒河流域）、Israel（以色列）、Latin America（拉丁美洲）、Netherlands and neighboring lowland countries（荷兰和周边低地国家）、Nile Basin（尼罗河流域）、Pakistan（巴基斯坦）。

因此，20 世纪中叶的大部分研究集中在钠质土及其管理上。Northcote 和 Skene（1972）将钠质土定义为 ESP 介于 6 和 14 之间的土壤，将重度钠质土定义为 ESP 大于或等于 15 的土壤。最近的澳大利亚土壤分类（Isbell，2002）将"Sodosols"（钠质土）定义为 ESP 大于 6 的土壤。然而，ESP 为 25～30 的土壤因其土地利用特性迥然不同，不被划分为"钠质土（Sodosols）"。

表 15-1　澳大利亚盐渍土的分类和面积（Northcote and Skene，1972）

图单位	盐渍土种类	面积/km²	占国土面积比例/%
SS	盐质土	386 300	5.3
AS1	碱化重度钠质到钠质黏土，剖面质地均一	666 400	9.2
AS2	碱化重度钠质到钠质粗质和中等质地土壤，剖面质地均一或渐变	600 700	8.3
AS3	碱化重度钠质到钠质双层土	454 400	6.3
NS1	非碱性钠质和重度钠质中性双层土	134 700	1.9
NS2	非碱性钠质酸性双层土	140 700	1.9
	总计	2 383 200	32.9

注：1 000 000 km² 相当于 100 Mhm²。

15.1.2　现状

存在于澳大利亚各种景观中的盐渍化问题是经过许多地质年代在不同的环境条件下形成的。最近的农业活动造成了更多类型的盐渍化。澳大利亚当地社区和政府机构担心盐渍化会对农业生产、土地价值和水资源产生影响。因此，澳大利亚关于盐分的焦点主要集中在：①墨累-达令流域由于灌溉引起的盐渍化；②与浅层地下水有关的旱地盐渍化，尤其是在西澳大利亚。

Rengasamy（2006b）围绕澳大利亚回顾了盐渍化过程，认为陆地景观中盐分的积累受气候、景观特征及人类活动相关的特定过程的控制。因此，他指出了澳大利亚常见的三种主要盐分类型（图 15-1），受影响的总面积见表 15-1。他的分类不同于通常的"原生"或"次生"盐渍化分类（Ghassemi et al.，1995），但也可以应用于澳大利亚以外的地区。

（1）与地下水有关的盐渍化。 主要是发生在排泄区的盐分积累，在土壤蒸发和植物蒸腾作用的驱动下，地下水产生向上的水流将其中溶解的盐分带到土壤表面。地下水位距土壤表面不足 1.5 m 时，盐分的累积量通常较高。在澳大利亚原生多年生植被生长区域，上部土体的盐分被淋洗，积累在深层风化层或浅层地下水中。由于农业的引入清除了这种原生植被，导致地下水位上升，达到了新的平衡（Hatton et al.，2003）。清除深根系的原生植被后，含盐的地下水向地表靠近，造成表层土壤的盐渍化和渍水。这种与浅层地下水有关的盐分在早期成为西澳大利亚的主要关注点（George et al.，1997）。《国家土地和水资源审计报告》（2001）警告，除非实施有效的解决方案，否则到 2050 年，澳大利亚这种形式的盐渍化土地面积可能会增加到 $17×10^4 km^2$（17 Mhm^2）。

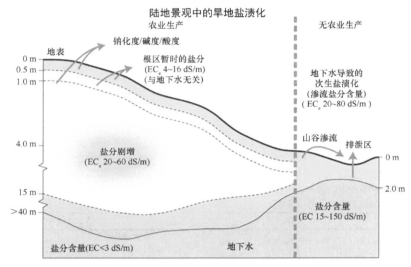

图 15-1 澳大利亚景观中不同类型的盐分（Rengasamy，2002）。

（2）与地下水无关的盐渍化（暂时的盐分）。 这种盐分积累主要发生在地下水位较深且排水较差的景观中，是由近地表土层不良的水力特性造成的。盐渍化程度及其出现的深度因气候条件而异，因此被定义为"暂时的盐分"（Rengasamy，2002）。这种盐渍化广泛存在于许多底土为钠质化层且降雨量较小的景观中，例如，澳大利亚北部（Shaw et al.，1998）、西澳大利亚（Barrett-Lennard et al.，2016；McArthur，1991）和南澳大利亚（Rengasamy，2002）。

（3）灌溉导致的盐碱化。 由于淋洗不充分，使灌溉水引入的盐分积累在根区内。大部分灌溉的区域位于澳大利亚的墨累-达令河流域，覆盖面积约为 1.23 Mhm^2（表 15-2）。虽然澳大利亚的灌溉农业有限，仅占农业用地总面积的1%，但2006～2007 年的灌溉农业总产值占该国农业总产值的34%（ABS，2010）。利用低盐量河水灌溉钠质化盐土，导致了钠质土的形成。矛盾的是，灌溉钠质土会导致盐分积累，形成盐化-钠质土。因此，土壤钠质化管理的主要工作集中在灌溉水管理上。然而，最近利用的污水和排出水，除了钠之外，还向土壤中引入了大量钾离子和镁离子，造成了与土壤结构和作物生产相关的问题（Laurenson et al.，2010）。

表 15-2 澳大利亚不同类型盐碱化土地的分布

盐渍化类型	面积/Mhm^2	占土地总面积的百分比
地下水导致的盐渍化	5.66	0.070
暂时的盐分（与地下水无关）	253.00	30.00
灌溉导致的盐渍化	1.23	0.002

资料来源：Rengasamy, P., Tavakkoli, E., McDonald, G.K., 2016. Exchangeable cations and clay dispersion: net dispersive charge, a new concept for dispersive soil. Eur. J. Soil Sci. 67, 659–665。

目前，关于灌溉导致盐渍化的研究工作有限，大多数集中在旱作区的盐渍化问题。如表 15-1 所示，大多数州普遍存在高 pH 的钠质底土层。这些土壤因盐分、钠质化（分散性）、碱度、酸度，以及元素毒性和元素缺乏而对农业生产产生中度至重度的限制。土壤和农艺管理措施主要是为了缓解这些限制（McDonald et al.，2013）。此外，目前研究还非常注重耐盐性、耐钠性和耐离子毒性作物的评估、选择、育种和基因工程等工作（Munns，2005）。

15.1.3 展望

土壤盐渍化影响着澳大利亚超过 33% 的土地面积，其中大部分（27.6%）是钠质土，可能发展为"暂时的盐分"（Rengasamy，2002），是限制农业生产和国家经济的主要问题。为缓解盐渍化引起的问题，有必要开展以下活动。

（1）盐渍化问题因地而异，在同一个牧场内差异也很大。此外，这些变化也可能发生在土壤剖面的不同土层之间。一个主要的重点应该是开发遥感技术来表征牧场内以及土层间的盐分变化。此外，区域盐渍化土壤制图对于区域战略的规划和实施是必要的。

（2）由于土壤 pH（酸度和碱度）的变化，钠质土会出现多种问题。除了土壤结构退化外，酸性和碱性还会诱发元素毒性。制定解决土壤结构退化和元素毒性的土壤管理策略具有重要意义。

（3）除了土壤管理研究外，还需要在植物育种方面做出更多努力，使根系能够适应澳大利亚底土的限制。重点研究包括开发能够改善根际环境和适应土壤条件的植物。要使这类研究取得成功，首先必须在大量的土壤限制因素中确定影响作物产量的主要土壤因素。因此，需要土壤科学和植物科学在真实的大田环境中开展跨学科的合作研究，而不是在理想的环境条件下进行。

（4）目前，土壤溶液的总 EC 用于量化盐分对植物的影响。同样，ESP 或 SAR 用于评估碱度对土壤物理性质的影响。然而，最近的研究表明，土壤溶液中的单个离子对盐分含量和钠化度的作用效应有重要影响（第 12 章）。为了进一步开展这类研究，需要采用现代技术开发表征土壤溶液离子组成的简单方法。

15.2 加利福尼亚州

15.2.1 回顾

加利福尼亚州的自然地质、水文和地形造成了全州不同形式的盐渍化问题，从沿中央海岸的海水入侵带来盐分，到中央河谷的图莱里湖等封闭盆地中的盐分积聚（图 15-2）。此外，加利福尼亚州一些最富生产力的土壤，如圣华金河谷西部

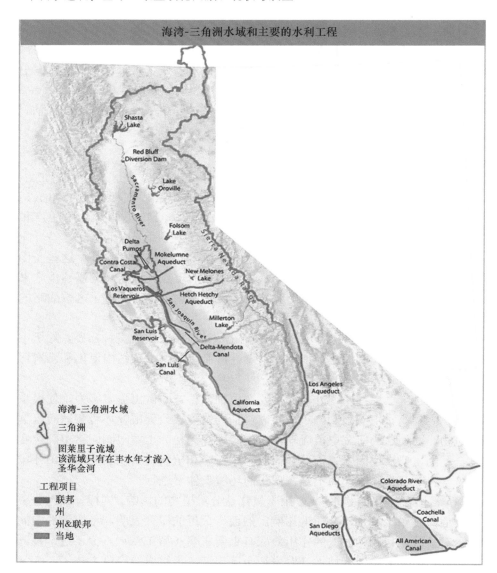

图 15-2　加利福尼亚州水域分布图。引自 https://sites.uci.edu/energyobserver/files/2015/04/
California-Aqueducts.gif。

Shasta Lake，沙斯塔湖；Red Bluff Diversion Dam，红崖引水大坝；Lake Oroville，奥罗维尔湖；Folsom Lake，福尔瑟姆湖；Delta Pumps，三角洲泵；Mokelumne Aqueduct，莫克卢姆渡槽/莫克伦内水道；Contra Costa Canal，康特拉科斯塔运河；New Melones Lake，新梅隆斯湖；Los Vaqueros Reservoir，利弗莫尔水库；Hetch Hetchy Aqueduct，赫奇赫奇高架渠/赫奇赫奇水道；San Luis Reservoir，圣路易斯水库；Millerton Lake，米勒顿湖；Delta-Mendota Canal，德尔塔-门多塔运河；San Luis Canal，圣路易斯运河；California Aqueduct，加利福尼亚渡槽；Los Angeles Aqueduct，洛杉矶渡槽；Colorado River Aqueduct，科罗拉多河渡槽；San Diego Aqueducts，圣地亚哥渡槽；Coachella Canal，科切拉运河；All American Canal，全美运河；Sacramento River，萨克拉门托河；San Joaquin River，圣华金河；Sierra Nevada Range，内华达山脉。

地区，源自天然高盐的海洋沉积物。灌溉水会溶解盐分并将其带到下游，或渗入地下水而增加其含盐量。加利福尼亚州广泛分布着改造过的配水系统（图 15-2），包括州和联邦的水利工程，也携带大量盐分输入和输出不同的水域。

大约从 19 世纪下半叶开始，加利福尼亚州引入商业灌溉，加剧了盐渍化问题（Kelley and Nye，1984）。从历史来看，地表水和地下水都用于加利福尼亚州的灌溉。用于灌溉的地表水盐分含量相对较低，尤其是来自内华达山脉融雪的地表水。

帝王河谷的灌溉水来自科罗拉多河，其盐分含量高于融雪产生的地表水。如图 15-3 所示，尽管加利福尼亚州多个地方都存在盐渍化问题，但历史上主要的盐渍化问题出现在圣华金河谷西部和帝王河谷。Oster 和 Wichelns（2014）对加利福尼亚州的灌溉历史进行了全面回顾。如今，加利福尼亚州相互连通的水系灌溉了超过 3.4 Mhm^2 的农田（USDA，NASS，2018）。

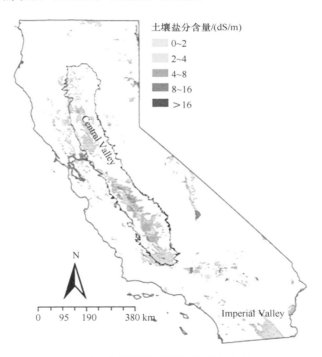

图 15-3　加利福尼亚州的盐渍土分布。
Imperial Valley，帝王河谷；Central Valley，中央河谷。

自 20 世纪初科罗拉多河被用于灌溉以来，南加利福尼亚州帝王河谷几十年来一直存在盐渍化问题。到 1918 年，盐渍化导致大约 20 234 hm^2 的土地无法生产，并造成数千公顷的土地被破坏（Kelley and Nye，1984）。盐碱化导致农业用地迅速退化，迫使帝王灌区（负责供水的机构）修建明沟排水渠。然而，由于科罗拉多河水含盐量高、土壤黏重以及当时农场用水管理不善，排水系统并没有阻止帝王河谷的持续盐渍化。为了解决这个问题，联邦政府和帝王灌区在 20 世纪 40 年代初建立了伙伴关系，在数千公顷的农场安装了地下混凝土设施和暗管排水系统。地下排水系统和完善的农田水管理措施降低了土壤盐渍化速率，从而使帝王河谷的农业生产蓬勃发展。地下暗管排出的水被输送到索尔顿湖。然而，高含盐量的农业径流和排水影响了索尔顿湖的水位，并使其盐分含量升高，威胁到各种野生动植物的生存。从积极的方面来看，根据帝王大坝的盐分含量变化，进入帝王河谷的盐分负荷并没有像之前预测的那样增加。美国垦务局 2013 年的一份报告称，2011 年帝王大坝的流量加权盐分含量为 680 mg/L，且在过去几十年中一直保持不变。

加利福尼亚州另一个受盐渍化影响较大的区域是圣华金河谷西部（SJV），包括中央河谷的南半部（图 15-3）。从 19 世纪下半叶到 20 世纪初，SJV 经历了灌溉农业的快速发展，随之而来的是排水和盐渍化问题。河谷西侧的盐渍化问题可归因于：①河谷槽附近的高水位，这是由河谷上部坡地区灌溉农业扩大造成的；②西侧的土壤由沿海山脉和其他海洋环境的冲积物发育而来；③圣华金河水质的恶化（图 15-2）。1951 年，圣华金河的部分淡水被用于弗里恩特大坝以北东侧的农田灌溉。来自中央河谷工程的含盐量更高的水替代了这部分引调水。

这些变化加上农田退水，导致河谷的主要排水通道——圣华金河下游的盐分增加。圣路易斯单元的建立加剧了河谷西侧的排水和盐渍化问题（图 15-4）。

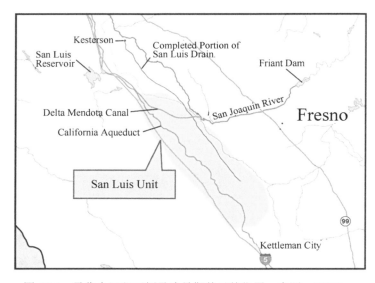

图 15-4 圣华金河谷西侧圣路易斯单元的位置。来源：USBR。

Kesterson，凯斯特森；Completed Portion of San Luis Drain，已完成的圣路易斯排水工程部分；San Luis Reservoir，圣路易斯水库；Friant Dam，弗里安特大坝；Delta Mendota Canal，三角洲门多塔运河；California Aqueduct，加州渡槽；San Luis Unit，圣路易斯单元；San Joaquin River，圣华金河；Fresno，夫勒斯诺市；Kettleman City，凯特尔曼城市。

1960 年，《路易斯法案》授权的圣路易斯单元是联邦中央河谷工程和加州调水工程的一部分。圣路易斯单元的主要目的是为超过 40 万 hm² 的基本农田（US Bureau of Reclamation，n.d.）提供灌溉水。作为流域综合盐渍化管理计划的一部分，1960 年的《路易斯法案》要求排水系统要么由加利福尼亚州建造作为整个河谷的排水干渠，要么由联邦政府建造作为圣路易斯单元供应区的截水沟。当时的想法是这两种排水系统中的任何一个都可以将微咸水通过混凝土渠道向北输送到萨克拉门托-圣华金三角洲（Kelley and Nye，1984）。

20 世纪 60 年代中期，联邦政府和州政府开始规划一条排水干渠，将盐分从整个河谷南端的贝克斯菲尔德排到三角洲。然而，在该项目的早期阶段，加利福尼亚州未能得到灌溉者的保证，他们将承担项目支出，因此退出了该项目（Kelley and Nye，1984）。1968 年，联邦政府通过美国垦务局开始建造排水系统，以收集圣路易斯单元供应区地下排出水，运输到萨克拉门托-圣华金三角洲。然而，在规划的 302 km 排水沟中，仅完成了从弗雷斯诺县附近的凯特尔曼市到默塞德县的凯斯特森（Kesterson）水库的 140 km。由于成本增加和水质问题，1975 年工程停止。主要水质问题是 Kesterson 国家野生动物保护区的硒积累，这引起了各种生态问题，包括野生动物出生缺陷和其他毒性（Chang and Brawer Silva，2014）。这些情况对加利福尼亚州的灌溉农业产生了重大影响。到目前为止，由于生态和环境问题的部分原因，该项目已经停工。在盐渍化管理方面，由于排水系统未能完成，地下水位较浅，蒸发导致盐分在根区积累，使许多农田的农业生产力下降，尤其是圣华金河谷西部。河谷缺乏排水和盐分的输出系统，这就激发了创新的管理措施，以减少排水，并找到"河谷内"的处理方案。

15.2.2 现状

公共和私人利益相关者普遍认识到盐渍化对加利福尼亚州经济构成的威胁。例如，Howitt 等（2009）的一项研究指出，如果中央河谷的盐分积累仍然得不到管理，到 2030 年，加利福尼亚州商品和服务价值预计损失 21.67 亿美元，收入将减少 9.41 亿美元，而就业岗位将减少 29 270 个。在中央河谷实施盐渍化管理策略的潜在效益估计超过 100 亿美元。因此认为，提高盐渍化管理水平可以为加利福尼亚州其他经历盐渍化问题的地区带来经济效益，包括帝王河谷和中央海岸，而忽视这一问题将带来严重的后果。目前，加利福尼亚州在盐渍化管理方面做出的努力包括传统策略和现代策略。传统的盐渍化管理策略包括源头控制（主要针对点源）、稀释和置换（如淋洗管理）；现代盐渍化管理策略包括处理（如微咸水淡化）、储存、输出、实时管理和循环利用等（California Department of Water Resources，2016）。下面会介绍加利福尼亚州近期从农场到流域范围的盐渍化管理案例研究。

15.2.2.1 农场盐渍化管理

在加利福尼亚州，提供环境和政治上可接受的灌溉农用地排水处理方法是种植者面临的重大挑战。据 Ayars 和 Soppe（2014）报道，他们成功地使用了一种农场排水综合管理技术（IFDM），将排水量大幅减少至田间灌溉水量的 0.7%，消除了对蒸发池的需求。IFDM 在加利福尼亚州圣华金河谷西侧的红岩农场的四块 65 hm^2 的农田上进行了示范，依次使用含盐排出水进行补充灌溉。在这项研究中，三个 65 hm^2 地块用于种植盐分敏感作物（番茄和大蒜），这些地块的排出水用于灌溉耐盐作物（麦草）。IFDM 已成功应用于圣华金河谷的其他农场，例如，位于克恩县的 Andrews Ag 农场 486 hm^2 土地实施了该技术（State Water Resources Control Board，2004）。在 Andrews Ag 农场，盐分敏感作物（莴苣、甜椒、甜瓜、胡萝卜、大蒜和洋葱）采用滴灌和喷灌。地下排水系统收集的排出水随后用于棉花等耐盐作物的灌溉。盐生植物（盐生草本和盐生灌木）利用耐盐作物产生的排出水来种植。盐草在生长过程中会挥发硒，将其从排出水中去除，使其无害化。到 2005 年，该农场报告指出，这种技术能够减少 90% 的排水量和 80% 的硒。

消除对蒸发池的需求有几点益处，包括最大限度地减少停止生产的土地面积、减轻与蒸发池相关的环境影响，如盐分向地下水的淋滤。然而，值得注意的是，IFDM 等管理措施只能提供短期的解决方案，长期可持续灌溉需要将盐分输出流域以维持盐分平衡，如通过盐水管道排出。

15.2.2.2 区域盐渍化管理

加利福尼亚州解决盐渍化问题的主要区域措施是中央河谷长期可持续性盐分替代（CV-SALTS）。CV-SALTS 专注于可持续的盐渍化管理。CV-SALTS 是 2006 年发起的一项协同工作，旨在寻找中央河谷盐渍化问题的解决方案。它包括几个相关方，如加利福尼亚州水资源控制局、中央河谷区域水质控制局、农业联盟、城市和市政、种植户、学术界和环境司法团体。CV-SALTS 的目标是多方面的，包括维持中央河谷的生活方式、支持区域经济增长、维持农业经济、维持可靠和高质量的城市供水，以及保护和改善环境。由于中央河谷盐渍化和硝酸盐问题严重，加利福尼亚州水资源控制局在 2019 年投票通过了 CV-SALTS 提交的中央河谷"盐渍化和硝酸盐控制计划"。随后，中央河谷水资源委员会于 2020 年 5 月底发出关于执行硝酸盐控制计划的通知。"盐渍化和硝酸盐控制计划"包括解决中央河谷盐分问题的短期和长期策略。排放者可以作为个人，或作为以管理区形式组织的排放者团体的一部分参与该计划。这一点很重要，因为"盐渍化和硝酸盐控制计划"为中央河谷水资源委员会提供了一个框架，以管理 46 619 km^2 区域的盐渍化和硝酸盐排放。

15.2.3 展望

加利福尼亚州的盐渍化问题有着严重的后果，因为在经济损失、环境破坏和生计中断等方面都存在风险。因此，必须主动解决盐渍化问题。在加利福尼亚州，盐分通过不同盆地之间相互联通的水系在全州范围内流动。盐渍化管理应慎重整合水流和盐分负荷。任何流域的可持续盐分管理决策都涉及很多相关方，如水资源管理部门、监管部门、设施运营商、政策制定者、土地所有者、种植户、农业联盟、环境司法团体等。

为了成功地管理加利福尼亚州的盐分，这些实体必须努力协调他们的工作，以有效地利用资源，制定解决当地和区域问题的方案，优化资金分配，寻求任何给定流域的盐分平衡。加利福尼亚州的可持续盐渍化管理需要多方协同努力，就科学验证的解决方案达成共识，以满足不同地区的多重目标。需要考虑短期和长期策略，例如，为了在封闭盆地（如图莱里湖盆地）实现盐分平衡，讨论必须包括利用盐水管线从盆地输出盐分。索尔顿湖流域的水资源保护应与盐渍化管理相结合。应采取综合措施缓解海水入侵，包括用再生水替代中央海岸农业区的地下水开采。

15.3   中   国

15.3.1   回顾

中国盐渍土分布广、类型多，面积约为 100 Mhm^2，约占中国土地面积的 1/10（Li，2010）。气候条件、地形地貌和农业活动是影响土壤盐渍化的关键因素（Meng et al.，2016a；Wang，1993；Yang et al.，2015）。在中国北方的大部分地区，蒸发量与降水量之比往往大于 1。根据盐渍土的形成特征和地理分布，可以将其划分为 7 个主要区域（图 15-5；Shi，1986）。在中国西北部，封闭盆地（如塔里木、吐鲁番和柴达木盆地，以及河西走廊）为土壤盐渍化的发展提供了物理基础，在当地干热的气候条件下，最终导致了盐渍土的形成。在中国东北和华北平原，受季风气候影响，60%~70%的降水发生在夏季，导致夏季内涝和春季干旱循环发生，因此，盐分在土壤和地下水之间进行着频繁的交换。中国还有大面积的沿海低平原，由于海水入侵导致这里有大量盐渍土分布（Li，2010）。

20 世纪 50 年代，中国开展了大规模的土地资源综合调查，为进一步了解盐渍土的地理和发生分类提供了重要基础。此后，研究和管理实践集中于区域性的盐渍土垦殖、改良和可持续利用，主要位于新疆、宁夏、内蒙古和松嫩平原（图 15-5 中的区域 1、2、3 和 4）。控制土壤盐分的关键措施包括人工洗盐、水稻

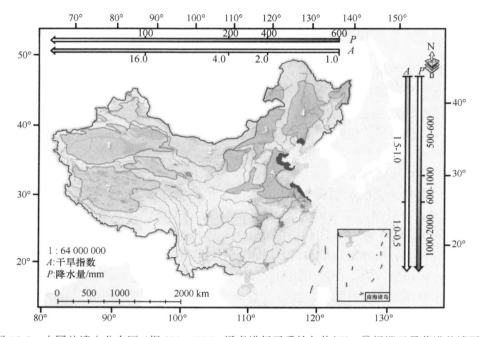

图 15-5　中国盐渍土分布区（据 Shi，1986，译者进行了重绘与修订）。①极端干旱荒漠盐渍区；②干旱荒漠和荒漠草原盐渍区；③干旱-半干旱草原盐渍区；④半干旱-半湿润气候条件下钠质盐渍区；⑤半湿润季风气候条件下盐化和钠质盐渍区；⑥半湿润-湿润季风气候条件下滨海盐渍区；⑦高海拔寒漠、湖泊和盆地盐渍区。

种植、饲料轮作，以及排水和灌溉系统的应用。这些措施促进了部分盐碱土区的农业发展，尤其是中国西北地区（Li，2010）。然而，灌溉和排水系统的不健全使这些地区的地下水位急剧上升，最终导致了土壤的次生盐渍化（Nurmemet et al.，2015）。但与此同时，农业发展促进了节水农业技术的研究和使用，包括控制地下水埋深、灌溉渠系的防渗、修建明沟和地下排水系统（Huang and Wei，1962）。在此期间，其他工程和农艺措施也得到了发展，包括平整土地、引洪漫淤、种植绿肥、施用有机肥和选种耐盐作物（Yang，2008）。

20 世纪 70 年代中期之后，中国启动了多项与旱涝盐碱综合治理有关的国家重点研究项目（Li，2010）。其中，比较典型的是 1978 年在黄淮海平原启动的一个国家项目，为系统研究干旱、内涝和土壤盐碱化的相互关系及规律，开发了区域水盐监测和预报系统（PWS）（Li et al.，1993）。该地区土壤管理的重点是浅层地下水的开采与调控。浅层地下水从管井中抽出并用于灌溉或通过排水沟体系排出，同时降低了地下水位。此外，还采用了低压输水技术、深沟、优化施肥和防护林，以改善农业生产的基本条件。到 1995 年，该地区的农业总产值提高了 20%～56%（Shi，2003）。同时，其他地区的盐碱地治理也取得了重大进展，如新疆和宁夏的排水种稻、吉林的苏打（钠质）盐土改良（图 15-5 中的区域 4）、沿海盐沼开发，以及内蒙古的农业排水系统改善（Li et al.，2014）。

15.3.2 现状

粮食安全对中国来说是一个长期的挑战，因为需要依靠仅占世界 7%的耕地养活占世界 20%的人口。自 2000 年以来，盐渍土综合管理项目的实施改善了近 1.67 Mhm² 的盐碱地，增加了近 400 万 t 粮食产量。

自 2000 年以来，中国优先采用节水灌溉（WSI）技术，尤其是在干旱和半干旱地区，包括使用滴灌、喷灌等加压灌溉，以及地下灌溉。截至 2015 年年底，中国节水灌溉农田总面积约为 31 Mhm²，包括 9 Mhm² 的喷灌和滴灌（Yao et al.，2017）。此外，中国还启动了多项推动 WSI 技术深入落实的政策，例如，通过为 WSI 提供额外资金来动员地方政府，以及促使用水户协会承担农村地区的灌溉管理责任（Yao et al.，2017）。此外，中国于 2006 年启动了综合水资源管理规划（CWMP），以提高农业用水效率。据报道，截至 2015 年年底，平均农业用水效率从 0.53 提高到了 0.58（Yao et al.，2017）。另外，2017 年农业用水量占全年总用水量的 62%以上，这也表明继续利用优质灌溉水满足粮食需求的潜力有限。因此，非常规水资源的开发和利用呈现上升趋势（Cui et al.，2019），包括再生水、咸水和雨水收集。截至 2017 年年底，中国非常规水资源工程新增供水量为 1.17× 10¹⁰ m³，占全国总供水量的 1.93%。污水可用于沿海重度盐碱土的垦殖，并因其营养成分可以在一定程度上促进植物生长（Li et al.，2019）。每年可开采的咸水资源（盐分含量为 2～5 g/L）为 1.3×10¹⁰ m³，广泛分布于中国北方地区。通过田间试验和数值模拟，为多种咸水利用方式（如直接灌溉、轮灌和混灌）提供了参考。例如，棉花播种后使用淡水、花期使用咸水（Sun et al.，2014）；微咸水可用于生物生产，高盐分浓度水可用于绿化（Zhang et al.，2019）。

在中国西北地区，作物的生长完全依赖于灌溉。该地区土壤管理的重点是节水灌溉和地下水位控制。滴灌于 1996 年引入新疆，随后与地膜覆盖技术结合使用。膜下滴灌可以提高土壤温度，同时抑制土壤表面的盐分积累（Qin et al.，2016），已在新疆、宁夏和内蒙古等省份得到了广泛应用。膜下滴灌的开发和实施促进了作物生产，然而盐分通常会在湿润锋和膜间地表处积累（Wang et al.，2019）。为了确保出苗率，需要在休闲期采用漫灌的方式将盐分淋洗出根区（Wang et al.，2014），这需要有完善的排水系统的支持。

在沿海地区，盐碱土的改良主要是通过筑堤、台田、完善河道排水系统、农田排灌分开、种植水稻，以及采用"台田种植-浅池养殖"系统。沿海地区的海冰可以通过重力和离心脱盐等技术转化为低盐分浓度水，作为一种附加的水资源，已成功用于灌溉和水产养殖（Shi et al.，2010）。

15.3.3 展望

虽然灌溉技术发展迅速，但仍有大量水资源没有得到高效利用，因此迫切需要改进的、更有效的灌溉及配水方式。在中国大中型灌区，80%以上的灌溉设施已连续运行 30 多年，其中许多未得到妥善的维护，导致水资源利用效率较低（Zhu et al.，2013）。此外，由于全球变暖和降水减少，中国北方地区的干旱问题变得更加严重，进一步限制了淡水资源。

改进的灌排方法以及更有效的水资源管理办法仍然是缓解盐渍土的关键措施。培育耐旱耐盐作物、根据气候变化效应调整种植日期、调整作物分布和结构，也将有助于减少耗水量并促进农业的可持续发展（Zhu et al.，2013）。

沿海地区（如长江口、黄河三角洲、江苏沿海地区）是中国重要的开发区。沿海盐沼生态系统脆弱，因此，海岸带的垦殖应注意潜在的环境风险，如土壤次生盐渍化、近海水域富营养化，以及重金属和污染物在土壤中的积累（Li et al.，2014）。

华北平原淡水资源极度短缺，应该特别关注非常规水资源。然而，人们越来越担心食品安全和环境风险。例如，再生水灌溉可增加浅层地下水中的盐分和 NO_3^- 浓度（Lyu et al.，2019），而长期污水灌溉可增加土壤和蔬菜中的重金属浓度（Meng et al.，2016b）。因此，需要进一步加强非常规水资源的合理利用、长期监测和评估工作。

由于嫩江和松花江水资源相对丰富，东北地区具有利用地表来水改良盐碱地的优势。松嫩平原可开垦的盐碱荒地面积超过 $1.3\ Mhm^2$。为实现该地区盐碱土的可持续利用，在灌排系统工程基础上，发展种植水稻改良利用同时也应考虑保护性耕作和农牧结合模式。

在中国西北地区，膜下滴灌应与盐分淋洗技术和完善的排水系统相结合，以确保该地区的农业可持续发展。在排水条件较差的区域，部分荒地可以作为积累和储存盐分的场地，即干排盐方式。

气候变化与中国农业依然具有相关性。二氧化碳和氧化亚氮都是主要的温室气体，它们的排放可能受到土壤盐分和水分条件的显著影响（Maucieri et al.，2017；Zhang et al.，2018）。土地利用向农业的转变可能会增加土壤呼吸（Mahowald et al.，2016；Yang et al.，2019）；还可能通过流域径流影响盐分运输，增加下游土壤盐渍化的风险。因此，需要定量化土地利用与土壤盐渍化风险之间的尺度效应关系（Li et al.，2014）。此外，土壤盐分可以增强重金属的移动性（Acosta et al.，2011；Zhao et al.，2013）。盐渍土在休闲期漫灌压盐时，还可能增加硝酸盐淋洗进入地下水的风险（Feng et al.，2005）。因此，不仅要关注盐渍土对农业生产的影响，还应特别注意其生态环境影响。

15.4　幼发拉底河和底格里斯河流域

15.4.1　回顾

　　底格里斯河和幼发拉底河都是跨国界河流，发源于土耳其（图 15-6）。在哈马尔湖汇合之前，幼发拉底河在伊拉克境内流经 1000 km，底格里斯河流经约 1300 km。伊拉克境内底格里斯河流域面积为 253 000 km^2，占流域总面积的 54%。据估计，其年均径流量在进入伊拉克时为 210 亿 m^3。所有底格里斯河的支流都在东岸。幼发拉底河的年平均流量估计为 300 亿 m^3，在 100～400 亿 m^3 范围内（Al-Layla，1978）。与底格里斯河不同，幼发拉底河在伊拉克境内通过时没有支流。每年约有 100 亿 m^3 的水排入哈马尔湖，这是幼发拉底河和底格里斯河交汇处的一个咸水沼泽湖泊。大部分湖水在 20 世纪 90 年代初被排干，并在伊拉克战争期间再次被水充填。再往下游，湖水流入阿拉伯河，该河流入波斯湾。来自伊朗的卡伦河与阿拉伯河汇合，在进入波斯湾之前提供了约 247 亿 m^3 的淡水。底格里斯河的流量主要集中在 2～6 月，幼发拉底河主要集中在 3～7 月。底格里斯河这一时期的流

图 15-6　伊拉克地图及幼发拉底河和底格里斯河的位置。

TÜRKİYE，土耳其；Ilisu dam，伊利苏大坝；Mosul，摩苏尔；IRAQ，伊拉克；SYRIA，叙利亚；Euphrates，幼发拉底河；Tigris，底格里斯；Baghdad，巴格达；IRAN，伊朗；Karkheh，卡尔赫河；KUWAIT，科威特；The Gulf，海湾。

量占全年总流量的 60%～80%，幼发拉底河为 45%～80%（FAO，2000）。正常情况下，枯水期（7～9 月）流量不超过年流量的 10%。

7500 年前，伊拉克在底格里斯河和幼发拉底河（美索不达米亚）之间的土地开始了灌溉，当时苏美尔人修建了第一条运河，用于灌溉小麦和大麦。古巴比伦文化充分开发了这两条河流的土地。底格里斯河上的第一座大坝（Namrood 大坝）建于约 3000 年前，但在公元 623 年的洪水中被摧毁（Al-Layla，1978）。萨珊帝国（公元 226—640 年）修建了一个庞大的运河网，促进了该地区的灌溉农业，后来阿拉伯人对该地区进行了良好的维护（FAO，1994）。伊拉克的总耕地面积为 6 Mhm^2，其中在伊拉克北部地区约 50% 为雨养农业，其余 50% 为灌溉农业。地表水灌溉总面积估计为 3.3 Mhm^2，其中 10.5 万 Mhm^2（3%）位于阿拉伯河流域，2.2 Mhm^2（67%）位于底格里斯河流域，1.0 Mhm^2（30%）位于幼发拉底河流域。地下水灌溉面积估计为 22 万 hm^2，使用约 18 000 口水井（FAO，2000）。地表灌溉方法被广泛用于作物的灌溉。目前，伊拉克每年有 500 亿 m^3 的水资源用于灌溉，其中很大一部分由于水资源利用效率低而再次进入河流；作物产量较低，小麦、大麦和玉米产量分别估计为 2100 kg/hm^2、1900 kg/hm^2 和 3159 kg/hm^2（Qureshi and Al-Falahi，2015）。

由于缺乏排水基础设施，大多数灌区都面临着地下水位上升和相关的土壤盐渍化问题（Pitman and Narisma，2004）。大约在公元前 3000 年，伊拉克南部地区首次认识到了盐渍化问题，随着时间的推移继续扩展到其他地区（Al-Layla，1978）。这两条河流的中部和南部灌区的产量占粮食总产量的 70% 以上（Qureshi et al.，2013），这里的土壤普遍存在盐渍化问题。在受盐渍化影响的灌区中，4% 为重度盐化，50% 为中度盐化，20% 为轻度盐化。土壤盐渍化和渍水问题每年毁坏 5% 的耕地（USAID，2004），这种双重威胁夺走了约 70% 的生产潜力，而剩下的 30% 是由于土地停止生产（Qureshi et al.，2013）。河水含盐量的增加是导致灌区土壤含盐量偏高的主要原因。具体而言，底格里斯河的盐分从土耳其-伊拉克边境的 0.44 dS/m 增加到阿马拉（伊拉克南部）的 3.0 dS/m 以上，而幼发拉底河的盐分浓度从叙利亚-伊拉克边境的 1.0 dS/m 增加到阿拉伯河的 4.6 dS/m（Al-Zubaidi，1992；FAO，2011）。幼发拉底河盐分增幅高于底格里斯河，这是因为大部分排出水进入了幼发拉底河。在南部沿海地区，海水侵入灌溉土地进一步加剧了盐渍化问题（Wu et al.，2013）。关于伊拉克盐质土的范围和特征的资料很少，而且零散。然而，现有文献也可以帮助我们了解受盐渍化影响的土壤的范围和特征（Al-Jeboory，1987；Al-Layla，1978；Al-Taie，1970；Al-Zubaidi，1992；Dieleman，1963；Wu et al.，2013）。1955～1958 年进行了广泛的土壤调查，结果表明，即使所有盐分都从地表以下几米的土体淋洗出来，美索不达米亚平原也只有 20% 的土地是高产田，40% 的土地是中产田，40% 的土地是边际土地（Al-Layla，1978）。据 1970 年的估计（图 15-7），约 20%～30% 的耕地面积受到不同程度盐渍化的影响，导致产量减少 20%～50%（Al-Layla，1978）。

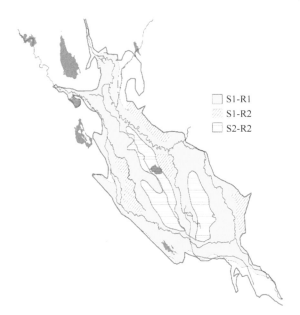

图 15-7　美索不达米亚平原的盐分分布图。S1 表示土壤盐分为 4～15 dS/m；S2 表示土壤盐分大于 15 dS/m；R1 表示土壤盐分每年增加 2～3 dS/m；R2 表示土壤盐分每年增加 3～5 dS/m。

15.4.2　现状

　　盐渍化一直是伊拉克的一个主要问题，大约 3800 年前，人们就已经认识到盐渍化是导致作物低产的一个原因。从历史上看，流域由北向南土壤盐渍化越来越严重，主要是因为两条主要河流的盐分不断增加。1970 年，伊拉克中部和南部一半的灌区已经退化（FAO，1994），主要是因为缺乏排水设施。

　　20 世纪的前 25 年，人们首次意识到了排水的重要性，1927 年进行了排水和盐渍化调查（Qureshi and Al-Falahi，2015）。这促进了 20 世纪下半叶一些排水工程的实施。然而，由于缺乏资金，这些工程仅限于挖掘一条主要的和一些横向的集水沟，而没有设置田间排水沟。排出水被泵入河流，增加了河水的盐分。这种方法只能解决部分问题，土壤盐渍化仍在继续加重。这些排水工程大多已有 40～50 年的历史，许多因维护不善而被废弃。后来又增加了一些暗管排水工程，然而，由于淤泥和石膏沉积到排水管中，它们很快就失去了排水功能。另外，过去 20 年的伊拉克战争使得排水系统进一步恶化，更加剧了盐渍化问题，因此，找到解决方案尤为关键（Qureshi et al.，2013）。

　　盐渍土的改良主要是通过降低地下水位来完成的。历史上通过小麦-休耕体系或限水灌溉控制地下水位。然而，土地开发和农业集约化发展的需求导致这种做法被废弃。取而代之的是，1978 年启动了一项土地修复计划，用混凝土衬砌灌溉渠道，并设置田间排水沟和集水沟，到 1989 年恢复了 70 万 hm² 的土地，费用约为 2000 美元/公顷（FAO，1994）。然而，排出水继续排入幼发拉底河和底格里斯河，使其水质恶化，土壤盐渍化加重。

1953 年，排水干渠（MOD）开始施工，也被称为第三河（Third River），从巴格达西北部开始，在巴士拉结束，将排出水输送至阿拉伯河，最终进入波斯湾。尽管目前年总流量不超过 38 亿 m³，但其设计输送量为 69 亿 m³（Licollinet and Cattarossi，2015）。设计多余的流量主要是因为，东底格里斯排水沟（ETD）和 Razzaza 排水系统在 2020 年完全建成后，将被引至 MOD。据估计，MOD 每年将提供 46 亿 m³ 的排水，可进行再利用（Licollinet and Cattarossi，2015）。

15.4.3 展望

到 2030 年，伊拉克人口预计从目前的 4000 万增加到 5000 万，灌溉农业的可持续性对于确保未来的安全至关重要（FAO，2012）。这就需要在水资源的利用、分配、处理和排水的再利用方面进行重大改革。灌溉部门的生产力在很大程度上取决于对排水和土壤盐渍化的管理。由于盐渍化问题的内在复杂性，需要采用考虑生物物理、环境条件及人民生计的多维度方法。伊拉克意识到了这一挑战，于 2014 年制定了"伊拉克水资源和土地资源战略（SWLRI）"（Licollinet and Cattarossi，2015）。它确定了优化土地和水资源的项目，其主要目的是解决粮食和能源安全的需求，并保护环境。SWLRI 提出了大量的复垦措施，包括在伊拉克中部和南部的所有灌溉土地上进行农田地下排水。SWLRI 还强调了将排水重新用于灌溉的重要性，以帮助实现伊拉克 2035 年的发展目标。因此，SWLRI 战略无论如何都必须实施。

尽管土壤盐渍化现象普遍，但伊拉克没有全面的监测网络来记录土壤和水资源盐渍化的时空变化，这一问题亟须解决。此外，应该优先恢复在伊拉克战争中被摧毁的排水系统。

在当前的地缘政治环境下，大规模投资修复现有排水系统和设置新的排水系统将是一个巨大的挑战。因此，需要鼓励采用其他方法，例如，通过灌溉管理控制渗滤损失，以及将排出水重新用于耐盐作物（Qureshi et al.，2013）。排出水也可用于水产养殖的推广，特别是在那些不适合常规农业生产系统的地区。

15.5 印度、印度河-恒河流域

15.5.1 回顾

盐渍土是印度河-恒河流域（IGB）的一个重要生态实体。IGB 面积约为

225 Mhm², 包括尼泊尔全境、印度大部分地区、巴基斯坦、孟加拉国, 以及中国和阿富汗的小部分地区。该流域盐渍土的历史可追溯到公元前 1500 年的印度河谷, 当时雅利安人开始使用贮水池和井灌进行作物种植, 并将土地分为 "肥沃" (urvara) 和 "贫瘠" (anurvara)。他们还努力了解贫瘠的原因, 从而将受盐渍化影响的土壤称为 "usara"。但直到 19 世纪中叶, 人们才认识到盐渍化是农业的潜在威胁 (Singh, 2005)。英国人在印度站稳脚跟后, 将灌溉作为一项盈利项目进行推广, 并修建了几个运河网。不久之后, 盐渍土的出现及其进一步扩大引起了政府的重视。关于恒河运河投入使用后土地退化的早期投诉来自靠近亚穆纳运河的卡尔纳尔的 Munak 村, 在 1855 年和 1876 年由阿利加尔区 Sikandra Rao 村的一名木蓝种植者提出, 这导致了 "Reh" 委员会的成立, 调查运河灌溉区土壤恶化的原因; 在信德和旁遮普的各个地区继续开展研究工作, 主要是根据盐结皮颜色、硬度和渗透性等物理特性区分盐质土与碱化土。20 世纪初开始了石膏改良碱土的相关试验。

由于几个大型和中型灌溉工程的快速完工运营, 许多地区在独立后出现了渍水和盐渍化问题。因此, 1969 年在卡纳尔成立了 ICAR 土壤盐渍化研究所, 负责研究及开发盐渍化改良和管理技术。此外, 几个农业大学和其他研究中心基于全印度合作研究项目 "盐渍土的管理和咸水在农业中的利用" 开展了研究, 促进了人们对生物、农业和工程科学的多学科方法技术的认识及其发展。此后, 印度的国家土地复垦和开发委员会、农业合作部 (DAC)、国家农业和灌溉部以及非政府组织 (NGO) 等部门采用了这些技术, 并进行了升级。

15.5.2 现状

目前, 印度受盐渍化影响的总面积约为 6.7 Mhm², IGB 有 2.7 Mhm² (Mondal et al., 2011; 表 15-3)。其中, 北方邦的面积最大, 为 1.37 Mhm², 其次是西孟加拉邦 (0.44 Mhm²) 和拉贾斯坦邦 (0.37 Mhm²)。

成功改良盐渍土的农业实践如下。

(1) 改良碱土: 添加 10~15 Mg/hm² 的石膏, 这相当于 0.15 m 表土石膏需求量的 50%, 就能很好地做到对碱土的改良 (Abrol et al., 1988; Gupta and Abrol, 1990)。地下水灌溉的增加以及向水稻-小麦种植制度的转变, 在脱钠和反应产物的淋洗作用下, 进一步促进了碱土的改良。其他几种改良添加剂, 如硫铁矿、硫酸、硫黄等, 在效率和成本方面与石膏没有可比性。农艺措施包括增加 25% 的氮肥、施用锌、增加旱地作物的灌溉频率、综合养分管理和施用绿肥。随着基于石膏的技术发展及其在农场规模的实施, 近 2.1 Mhm² 的碱土得到了改良 (Mandal et al., 2018)。有人认为, 旁遮普邦 (0.8 Mhm²)、哈里亚纳邦 (0.35 Mhm²) 和

表 15-3　目前印度 IG 流域各邦的盐渍土面积和改良面积

邦	盐渍土面积/10^3 hm²			改良面积/10^3 hm²	
	碱化土[①]	盐质土	总和	碱化土	盐质土
旁遮普邦	152	—	152	797	4
哈里亚纳邦	183	49	232	352	11
北方邦	1347	22	1369	851	—
比哈尔邦	106	47	153	2	—
孟加拉邦	—	441	441	—	—
拉贾斯坦邦	179	196	375	22	17
全印度	3770	2957	6727	2071	70

北方邦（0.85 Mhm²）的碱地改良作为印度绿色革命的一部分，创造了自己的"小革命"，因为除了其他环境效益外，现在每年还贡献约 1700 万 t 的粮食。

（2）渍水土壤的盐渍化控制：关于制定地表和地下排水（SSD）、地下水开采指南的试验项目，已有效地控制了涝渍和盐分（Kamra，2015）。如果遵循这些指南，在之前不适合农业生产的土地上设置 SSD 后 2～3 年内即可促进植物的生长。在这些 SSD 项目中，种植强度增加了 25%至 100%以上，作物产量分别增加了 45%（水稻）、111%（小麦）和 215%（棉花）。然而，高昂的资金成本、运行和维护问题，以及安全的排水处理限制了这些项目的进一步推广。利用农场池塘和整地技术（如深沟和高垄）进行稻鱼养殖，已被证明是解决沿海退化土地排水不畅和盐渍化双重问题的可行技术（Bandyopadhyay et al.，2009）。

（3）咸水的可持续灌溉：IGB 西北部各邦 32%～84%的地下水为咸水或碱性水（Minhas and Gupta，1992）。长期田间试验确定了控制植物对土壤和地下水盐分响应的关键参数，以及最佳的灌溉水综合应用实践（Minhas and Samra，2003）。同样，可持续利用碱性地下水的灌溉措施也得到了标准化，包括土壤和灌溉水的化学改良、因水质而异的综合利用、原位方解石的活化、耐盐作物的种植，以及其他专业的耕作、施肥和灌溉措施。根据其在不同农业生态区的实践经验，通用不变的水质标准已被地方指南所取代。

（4）提高植物适应性：最近的研究结果表明，高产耐盐作物的选育应侧重于基于性状的作物品种，例如，芥菜的 CS-52、水稻的 CSR-30 和小麦的 KRL-219。水稻品种 Basmati CSR-30 的培育非常成功，目前在盐渍土上的种植面积约 1.96 Mhm²（Singh et al.，2021）。该措施还有一个优点，即种植耐盐水稻品种减少了改良碱土所需石膏一半的量。

（5）改变土地利用：对于无法进行农业生产的盐渍土，探索了其他可行的土

---

① 译者认为，此处的碱化土基本就是本书中的钠质土，由于原书中不同作者表述上的差异所导致。

地利用方式，如种植耐盐树种、草类和其他盐生植物（Dagar and Minhas，2016）。一些耐盐树种可以用于盐碱地的重新造林，如牧豆树、阿拉伯金合欢、木麻黄。特定的种植技术、盐质渍涝土壤的灌溉方法，以及种植后的管理措施都已经成熟，有助于盐质渍涝的植树造林。一些草类植物，如双稃草，不仅能很好地适应强碱性环境，而且其庞大的根系有助于这些土壤的生物修复。

15.5.3 展望

IGB 是世界上人口最多的河流流域之一，目前人口约有 10 亿，50%以上的土地被开垦，主要是通过大量的灌溉措施，包括运河分流的地表水及地下水（Cai et al.，2010）。整个流域的含水层开采量激增，目前约 2/3 的灌溉土地依赖于地下水。西北部各邦将大量灌溉水用于水稻-小麦和甘蔗等的种植，导致水位以惊人的速度下降，已经危及其未来的利用潜力。其他的负面影响包括盐分、砷和氟污染、河流枯竭或地面沉降。这些问题正导致 IGB 向不可持续农业的方向发展，增加农民的风险，同时也会导致水资源供给的极端不平等。

尽管在盐渍土上进行了大量的研究和开发工作，但知识缺口依然存在，新的研究和工具应该能够帮助农业的恢复。下面将讨论这些问题。

（1）碱化土：优质地下水的利用，以及向水稻-小麦种植制度的转变，加快了碱化土修复的速度。同时，随着土地生产力的提高，根际沉积、根系生物量和残茬等有机碳的输入进一步激发了非耕地的生物改良过程。然而，仍然需要进一步研究石膏添加及其化学过程的环境影响，特别是开发和应用水文化学模型（见 3.1 节），从而能够预测石膏相关技术的短期和长期影响，以及反应产物对地下水质量的影响。此外，含有浅位钙质层的细质土壤很难改良，因此需要对现有的改良措施进行适当调整。随着其他非农业部门对石膏的需求增加，石膏的可用性和成本使其未来的应用受到限制，需要考虑其他替代来源，如热电厂、制糖业和城市废弃物的副产品。它们的潜在应用将带来双赢的局面，因为这些废弃物如果得不到利用，将会增加其处理成本。

（2）盐质渍涝土壤：尽管在大多数工程中 SSD 技术已经标准化，但这仅适用于灌溉水供应充足的情况，然而地表水越来越有限，且地下水通常含盐量很高。此外，这些土地中有许多在旱作盐渍化条件下作为回补场地。因此，当水资源受到限制时，需要针对旱作盐渍土地制定更加完善的 SSD 指南。尽管通过控制排水进行地下水位管理有助于减少灌溉需求和排水量，但许多人认为这将降低土地改良的速度。通过 SDD 减少盐分积累的淋洗方案需要通过测试分析其长期影响。因此，还需要进一步研究：①在区域尺度评估 SSD 与地下水开采控制相结合的措施；②人工林在减少渍水面积方面的有效性；③SSD 与水泵配合使用以更好地控制地下水位。

（3）咸水的利用：滴灌施肥等微灌系统在利用咸水灌溉方面效率最高，尤其是对于高价值的园艺业，但是缺乏大尺度的评估。另外，对于微咸水灌溉时盐分含量-钠化度的相互作用缺乏了解（第 13 章），这取决于灌溉水的离子化学、黏土矿物、种植制度和气候等因素。因此，需要分析长期使用这些灌溉水对土壤物理和水文行为的影响。此外，通过专门设计石膏的"床"或通过"亚硫酸发生器"的硫黄改良应用方案进一步研究其成本效益。地下水氟和砷污染已成为 IGB 的主要毒理学问题，改进的策略需要考虑这个问题。最后，需要对使用劣质灌溉水的保护性农业措施进行详细的长期调查。

（4）改变土地利用：林业的主要作用通常是改变田间和流域尺度的水盐动态，从而有助于控制地下水位和盐渍化。然而，反对种植人工林的观点还是不断涌现，主要是由于种植和收获之间的时间长、对土地的要求高，以及不可避免的土壤盐分积累，影响了它们的生长及其相应的有益耗水。为了克服这些制约因素，需要：①评估人工林在排水区和补给区之间的转移；②使用耐盐树种重新造林；③将盐分排泄区的人工林与工程措施相结合。藜属和盐角草属等盐生植物具有商业生产潜力，但要成功地将生物盐土农业应用于非生产性的土地，还需要进行更多的研究。

回顾过去，一些研发机构为盐碱土的改良和管理做出了重大贡献。但它们大多是孤立的，缺乏跨学科的工作。考虑到盐渍化问题的重要性和复杂性，需要采用一种综合的多学科、网络化的系统方法，研制出从农田到区域和整个生态系统跨尺度的定制技术。此外，要实现技术的快速推广，必须解决关键的政策障碍，其中包括团体层面利益相关者的有效参与、提供补贴和成本分摊等激励措施，以及制定新法规，执行 SSD 维护和运行的改良要求。应该创建基于网络的平台，以便在政策规划者、研究人员、国家农业部门和发展委员会、农民协会、自助团体和非政府组织之间建立连接。这些平台主要用于在制定技术开发和实施的相关决策时，确保多方利益相关者参与，从而加速盐化-钠质土的改良。

15.6 以 色 列

15.6.1 回顾

以色列成立于 1948 年，近代历史深受 1950 年《回归法》的影响，该法赋予犹太人移民和定居的权利。以色列人口从 1947 年的 65 万增加到今天的 900 万。以色列的气候属于干旱到半干旱，2/3 的面积是沙漠；年平均降水量从内盖夫沙漠的 25 mm 到沿海平原的 300 mm，再到上加利利地区的 800 mm 不等，几乎全部发生在 11 月至翌年 3 月的冬季。

该国约 2/3 的淡水供应传统上来自两个主要含水层（西部山区和沿海含水层）的地下水开采，另外的 1/3 来自加利利海，1/3 的大部分来自约旦河上游。为了确保可利用水资源的公平分配和高效利用，以色列已于 1949 年颁布了相关法规，将水资源作为由国家控制的公共财产，并由水务委员会颁发用水许可证。为了给以色列南部供水，20 世纪 60 年代以色列建立了国家水运公司（NWC）。以色列 50%～55%的总耗水量用于灌溉。然而，为了满足生活和工业的淡水需求，用于灌溉农业的天然淡水比例已从约 2/3（90 年代）降至目前的约 1/3。为了补充灌溉用水需求，目前约 60%的灌溉水供应来自处理过的污水和含盐地下水。最后，为了确保未来供水充足，以色列已经开始建造大型海水淡化厂。

在以色列，对土壤和盐分的关注大多来自于水资源的短缺和灌溉导致的盐分问题。以色列在土壤盐分管理方面的经验涉及三个独特的交义方向，分别是：①在早期充分采用高效的灌溉技术，包括滴灌和合理的调度；②将大量含盐量相对较高的水（来自地下微咸水和回收的城市污水）用于灌溉；③为确保国家城市用水安全，最近进行了大规模的海水淡化，使得水系统特别是再生水中盐分减少。

Assouline 等（2015）、Tal（2016）、Siegel（2015）、Raveh 和 Ben-Gal（2016，2018）对以色列历史上的灌溉水政策和实践经验进行了回顾及讨论。这里我们从盐分和土壤方面进行了总结。

15.6.2 现状

以色列是一个经济基础相对稳固的小国，但由于地缘政治现实而孤立，其作为一个成功发展农业的缺水国家而独树一帜。以色列所有来源和所有行业的用水量从 1948 年的 2.3 亿 m³ 增加到 2018 年的 22 亿 m³（Israel Water Authority，2019）。据估计，在该国目前的需水量中，每年只有 55%～65%能够在其自然地表水和地下水资源中得到更新，其他的供水来自地下水开采、再生水的分配或海水淡化。虽然在过去几十年里，生活和工业方面的人均用水量基本上保持不变，但如今可用于农业的人均用水量还不到 20 世纪 60 年代的一半。尽管水资源分配有所减少，但今天的人均农业产量是 40 年前的 150%以上（Ben-Gal，2011；Tal，2016）。这种成功可以归功于几个核心驱动因素，包括：①农业系统的集约化和现代化；②开发和采用高效的水分利用技术与方法；③建立可靠的灌溉水源。

以色列通过强有力的研发项目，以切实的推广服务向农民传授知识，政府对国家战略有力的经济支持，实现了农业的集约化和现代化。滴灌技术是在以色列发展起来的，这种高效技术在以色列的使用率高于世界任何其他地方。国家水价和分配策略进一步鼓励了提高用水效率的技术和做法（Tal，2006）。随着灌溉水盐分含量增加，农户的成本降低，这种灌溉水定价结构鼓励了劣质水的利用。

第三个促进成功的原则，即可靠的灌溉水源，做到这一点更加困难。NWC历史上将水从以色列北部的加利利海输送到南部，途中季节性地与各种地面和洪水水源混合。NWC 的 EC 平均值为 0.8～1.1 dS/m。农业淡水使用量从 1998 年的 9.5 亿 m^3 下降到今天的 4.9 亿 m^3 左右，通过利用微咸水和再生水维持了农业用水总量（图 15-8）。

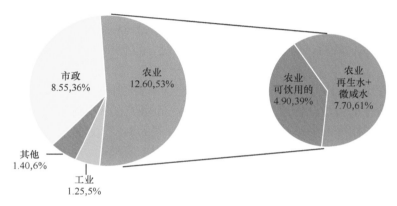

图 15-8　按用水领域和水源划分的以色列 2015～2018 年平均用水量（亿 m^3）及占比
（Israel Water Authority，2019）。

以色列农业直接利用约 0.8 亿 m^3 地下微咸水（EC 超过 2 dS/m）用于灌溉，主要是在约旦河谷、阿拉瓦和内盖夫高地沿线的干旱地区。废水回收利用已成为以色列水管理战略的核心部分。1956 年提出的总体规划设想的是最终回收利用 1.5 亿 m^3 污水，并全部用于农业。如今，回收利用量已达 4 倍，约占所有生活污水产生量的 85%。目前，经过处理的废水约占以色列总供水量的 25%～30%，根据年降雨量，其占农业灌溉供水量的比例高达 40%。再生水的含盐量依据其类型和来源不同差异很大，但不管如何，含盐量都会随着废水水流的推进而增加。在以色列，城市再生水的 EC 通常为 1～3 dS/m（Tarchitzky et al.，2006）。

遗憾的是，由于灌溉水中的盐分浓度较高，以色列的农业战略似乎是不可持续的。在季节性降雨少、难以预测，而且往往不足以系统地淋洗盐分的地区，长期向农业土壤中施加盐分，灌溉还必须包括用于淋洗根区累积的盐分的水量（Russo et al.，2009）。用于淋洗的灌溉水，带走的不仅仅是需要淋洗的盐分，还有各种污染物，这些污染物天然存在于水中，也有农业过程中添加的肥料、杀虫剂和除草剂，或来自土壤和心土层的活化物质（Ben-Gal，2011；Ben-Gal et al.，

2008，2013）。

在阿拉瓦沙漠有一个可持续性存在问题的案例，该地区采用地下微咸水灌溉温室和网棚蔬菜，其可持续性问题即来源于利用含盐量较高的水进行灌溉的政策和做法。据估计，该地区为了淋洗盐分以提高产量和收益，灌溉量高达作物蒸散需求量的两倍（Ben-Gal et al.，2008，2009a，b）。淋洗过程中最明显的威胁性污染物和最佳的污染指示物是硝酸盐。在当地大型蔬菜种植区下游的地下水井中，硝酸盐和盐分含量从低于 20 ppm（1 ppm=1×10^{-6}）上升到 90 ppm 以上（图 15-9）。

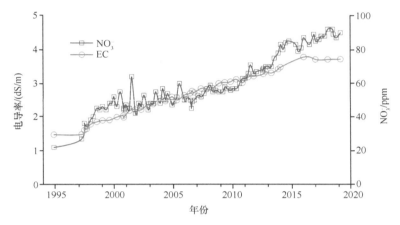

图 15-9　自 1995 年以来，用于阿拉瓦谷地（哈泽瓦）灌溉的地下水中的电导率和硝酸盐（NO$_3^-$）含量。数据由阿拉瓦中部研发中心 Effi Tripler 博士提供。灰色的横线代表 WHO（2011）规定的饮用水中允许的 NO$_3^-$浓度（50 ppm）。

15.6.3　展望

关于继续利用污水或其他富含盐分的水源作为灌溉水，还发现了其他问题，其中包括土壤钠吸附比（SAR）和钠化度（ESP）长期增加（Assouline et al.，2016；Assouline and Narkis，2011，2013；Erel et al.，2019；Raveh and Ben-Gal，2016；Segal et al.，2011），这会影响土壤结构和水分渗透能力，使灌溉的植物组织中钠和氯化物含量增加，以色列生鲜农产品的钠含量往往高于国际标准（Raveh and Ben-Gal，2016）。此外，由于农业系统和食物链中的痕量污染物（尤其是持久性有机物），人们越来越担心可能存在但是尚未发现的有害长期影响（Goldstein et al.，2014）。

尽管如此，为确保给其不断增长的人口提供稳定的市政供水，以色列制定了最新的对策，可能同时也为农业提供了一个更加可持续的解决方案。从 2007 年开始，以色列在其配水系统中加入了淡化海水。目前，海水淡化提供了 25% 左右的以色列总供水量，以及该国 40%以上的市政用水，与此同时，通常会为农业区带来优质水资源，并不断降低再生水的盐分（Assouline et al.，2015；Raveh and Ben-Gal，2018；Yermiyahu et al.，2007）。作为输送卤水以稳定死海水位项目的一部分，计划在红海进行大规模的海水淡化，这将为以色列带来大量的优质水资源，以取代目前的微咸水灌溉。红海至死海运河项目如果得到资助并建成，以色列将与约旦和巴勒斯坦共同推进应对水资源短缺和盐渍化的区域性战略（Aggestam and Sundell，2016；Hussein，2017）。

将海水淡化作为水安全战略的转变是一个很好的机会，可以扭转因使用含盐量较高的灌溉水而导致的潜在威胁和似乎不可持续的趋势（Assouline et al.，2015，2020；Raveh and Ben-Gal，2018；Tal，2016）。与当前流行的基于反渗透的脱盐技术不同，未来的微咸水和专门用于灌溉水的处理技术可能更有益，这种技术将选择性地去除不利的一价离子，同时留下农业上有益的二价离子，如钙和镁（Cohen et al.，2018）。

到 2050 年，以色列预计 2/3 的供水量将来自处理过的污水、脱盐水或微咸水。在以色列和其他半干旱和干旱地区，如果在灌溉之前将盐分去除，而不是允许盐分对土壤、作物、农产品和环境产生负面影响，则有可能维持可持续的、健康和经济的灌溉农业（Raveh and Ben-Gal，2018；Silber et al.，2015）。

15.7 拉 丁 美 洲

15.7.1 回顾

拉丁美洲是一个从北美洲的格兰德河延伸到南美洲最南端的火地岛的文化实体。拉丁美洲幅员辽阔，面积 1920 万 km^2，居住人口约 6.5 亿，包括自然资源和经济状况各异的国家。西班牙语和葡萄牙语是该地区的主要语言，但也有英语、法语和荷兰语。这片广袤的土地拥有多种多样的气候和土壤，从而导致了生态系统的极大差异，并支撑了一系列的农业、畜牧业和林业活动。这里种植了热带至温带/寒带作物。在全球范围内，该地区是多种主要农产品的净出口国，如谷物（大豆、玉米、小麦等）、咖啡、蔬菜和水果等，以及糖、植物油和葡萄酒等工业化衍生产品。

拉丁美洲是世界第三大盐渍土覆盖区。遗憾的是，对拉丁美洲盐渍土的范围和分布的评估既没有更新，也不是很精确，而且部分是基于专家判断。该地区的土壤盐渍化和碱化存在于不同的环境中，包括原生和次生盐渍化。据估计，约 $7×10^5\ km^2$ 的土地受到盐质化的影响，$6×10^5\ km^2$ 的土地受到钠质化的影响，总盐渍化面积为 $1.3×10^6\ km^2$，然而，也有估算结果为 $1.7×10^6\ km^2$；总灌溉面积为 $25\sim30\ Mhm^2$，据估计，该地区 25%～50%的土地受到人为次生盐渍化和钠质化的影响，近期非灌溉地区受人为盐渍化过程影响的土地增加了 4～5 Mhm² (Taleisnik and Lavado，2020)。

原生盐渍化过程发生在湿润和半湿润地区，这里有天然盐渍土，但主要是钠质土。它们常见于地下水含盐或含钠而且水位较浅的大平原，如查科-潘帕斯地区，这是地球上最平坦的沉积平原之一，也是拉丁美洲主要的谷物出口地。该平原北部的自然植被为旱生森林（查科和埃斯皮纳尔亚区）。该平原地下水位较浅，再加上负的气候水平衡，使其无论是在深层沉积物中还是低景观区的表层都容易发生积盐 (Contreras et al.，2013)。沉积平原的南部（潘帕斯）主要是草原，其中也存在一些盐渍土。除这些区域外，少数沿海沼泽地也有盐化-酸性土，另外还有大型内部盐沼，例如，巴西南部的潘塔纳尔湿地，是世界上较大的湿地之一 (Freitas et al.，2019)。

人为盐渍化问题概述：总的来说，拉丁美洲没有一个国家是完全没有盐渍化问题的，我们将重点分析人为引起的盐渍化，主要是灌溉，尽管这不是唯一的原因。大多数次生盐渍化发生在干旱和半干旱地区实行集约化农业的灌区，主要是由于水资源管理效率低、排水条件差和灌溉水质差。

该区域的灌溉方式、范围和作物种类有很大差异。水果和蔬菜生产大多需要灌溉。在一些地区，甘蔗、水稻、棉花、玉米和小麦等大面积种植的作物，部分采用现代技术进行灌溉。在其他灌溉区，居住的主要是小农户，他们生产的粮食大部分自用。这两种生产方式之间的比例因国家和地区而异，但似乎与土壤盐渍化过程无关。

在墨西哥、秘鲁、智利和阿根廷，全部灌溉的干旱和半干旱地区普遍存在。虽然墨西哥、智利和秘鲁灌溉农业的产值超过了雨养农业，但阿根廷的情况正好相反，在大多数情况下采用沟灌和漫灌系统，喷灌、微喷灌或滴灌系统正在被越来越多地采用。从地表水到地下水，利用的水源各种各样，水质参差不齐。在不均匀和不平整的土地上进行灌溉，导致水资源利用效率低，并抬高了地下水位。此外，输水渠无衬砌和排水条件差也会导致水资源利用效率低。除了盐分的典型影响（由于钠、氯化物、碳酸盐的存在），有几个灌区也存在硼的问题 (Pla Sentís，Taleisnik and Lavado，2020)。

巴西东北部的半干旱地区是世界上最大的半干旱地区之一。该地区属于热带气候，在一年中的大部分时间里，气温高，降雨量多变。该地区的特点还包括土层浅、灌溉水质差、缺乏排水系统，而且地下水位通常较浅。通过多样化的种植方式、刺激农业工业和产品的出口，灌溉改善了该地区的经济，但由于水质差、排水系统不足或缺乏，导致大片土地因盐渍化而退化。一般来说，这些退化的土地被闲置，而将农业生产转移到其他地区。恢复这些撂荒地的植被将是一个缓慢的改良过程 (Lacerda et al.，2011；Santos et al.，2020)。

半干旱/半湿润地区，如哥伦比亚、委内瑞拉、古巴、多米尼加和其他一些国家，在甘蔗、水稻和其他热带作物种植区，采用不同质量的水灌溉，且排水不畅或无排水设施，也发生了类似的盐渍化过程。再往南，在阿根廷潘帕斯草原的温带地区，大田作物通常在在雨养条件下种植，但偶尔会受到干旱的影响。补充喷灌能够增加和稳定粮食产量。交换性钠急剧增加，但还未观察到其对土壤物理性质退化的影响（Costa and Aparicio，2015）。

上文提到的查科-潘帕斯平原也出现了人为引起的盐渍化，主要是由土地利用和土地覆盖改变、种植或过度放牧导致的。在该平原北部的查科和埃斯皮纳尔地区，砍伐森林和耕作改变了水文平衡，主要是因为种植区的蒸散率较低。由此导致过多的水分渗漏，使深层地下水位缓慢上升，并将盐分带到地表，从而对作物和土壤产生不利影响。这种盐渍化过程有点像澳大利亚的"旱地盐渍化"（Fan et al.，2017；Glatzle et al.，2020）。查科-潘帕斯平原的南部主要种植大田作物，但在一个被称为洪泛潘帕（Flooding Pampa）的地区，畜牧业发达，碱化土和相对较少的盐质土占主导地位。在那里，高强度的牛群放牧将植被移除，夏季蒸发蒸腾强烈，使地下水中的盐分到达土壤表面。虽然随后的雨水会淋洗盐分，但这一人为过程会影响植物群落的组成（Chaneton and Lavado，1996）。在放牧的盐渍湿地中也观察到了类似的过程（Di Bella et al.，2015）。

15.7.2 现状

1960～1980 年，对盐渍土的研究非常活跃，当时几个国家通过投资大型灌溉计划实现了农业的重大发展。当时的土壤盐渍化研究主要是基于美国盐土实验室（1954）发表的结果开展的；经过努力，还组织了区域和国际会议，如 1971 年在哥伦比亚、1983 年在委内瑞拉举行的会议（Pla Sentís in Taleisnik and Lavado，2020）。然而，后来关于盐渍土的研究和评估方面的进展逐渐停滞。在大多数灌区，人们的注意力主要集中在灌溉基础设施（大坝、配水渠道）的工程方面，而不是在农场尺度上布设有效的排水系统和充分准备的灌溉农田（平整、灌溉沟等），由此引发了了排水、内涝和盐渍化问题。

最近，大型的、造价高昂的灌溉系统的开发已经减少，新的灌溉开发项目主要是针对当地小型灌溉单元，使用附近的地表和地下水资源，但通常没有考虑区域影响。在一些极端情况下，由于缺乏优质水资源，来自城市和工业未经处理的污水被用于灌溉。这适用于小型灌溉单元，主要服务于当地市场，但不适用于大型灌溉单元。

在巴西，关于盐渍化土地土壤、水和作物管理的研究主要集中在巴西东北部的大学和研究机构，主要包括制定土壤和水管理策略、适宜的种植制度、可持续的微咸水利用模式、盐生植物和耐盐作物的种植、矿物和有机改良剂的应用、植物修复和植物/微生物的相互作用（Andrade et al.，2019；Leal et al.，2019；Miranda et al.，2018）。需要特别关注的是，应减轻农业用地中土壤盐渍化的社会经济影响，这种影响会损失或降低作物产量和利润率、增加失业率，并降低商业用地的价值。为了保障水和粮食安全，正在开发可以为受影响的小农户提供收入来源的技术，包括微咸水的脱盐及其在综合生产系统中的利用，该系统包括弃用咸水养殖鱼类，以及使用鱼塘水种植有机耐盐蔬菜和小型反刍动物的饲料作物（Antas et al.，2019；Moura et al.，2016）。

阿根廷的研究热点是土壤、水和作物管理以及耐盐机制。在湿润-半湿润地区，盐碱土利用方面的技术主要是在不改变土壤性质的情况下提高生物产量，具体包括放牧管理、植树造林、农业水文管理、植物引种等。在大查科地区，已经对半干旱退林区的盐渍化进行了研究，并将重点放在减轻土壤和水质退化的方法上（Garcia et al.，2018），如改变种植制度。植物（Pittaro et al.，2016；Taleisnik et al.，2009）和微生物的耐盐机制正在研究中，考虑在退化和盐渍化地区利用及管理本地木本植物（Fernández et al.，2018）。本地和引进物种的特征、收集、繁殖，以及将其纳入育种计划是一项重要工作（Marinoni et al.，2019）。常规育种已经培育出了新的耐盐牧草品种，如 Epica INTA Peman（https://peman.com.ar/en/products/%C3%A9pica-inta-pem% C3%A1n%C2%AE），而且为了提高草木犀的耐盐性，已经探索了新的育种方案（Zabala et al.，2018）。碱性和钠质土中莲属植物的相关研究有助于它们在潘帕洪泄区（Flooding Pampa）的扩张（Bordenave et al.，2019）。信号链的分子组分和耐盐机制已经成功地融入商业化作物如大豆中（Ribichich et al.，2013）。

15.7.3 展望

21 世纪，该地区对于盐渍化相关的农业方面的研究兴趣有所增加，主要是在巴西、墨西哥、阿根廷和智利。除了许多出版物外，最近在阿根廷和巴西举行的国家盐渍化会议也反映了这一点（https://redsalinidad.com.ar/inicio/reuniones-ras/）。第一届拉丁美洲盐渍化研讨会于 2019 年在巴西福塔莱萨举行（https://inovagri.org.br/programacao/）。关于区域盐渍化问题的书籍已经以西班牙语和葡萄牙语出版（Gheyi et al.，2016；Taleisnik et al.，2008；Taleisnik and Lavado，2017），包括最近出版的一本综合性书籍（Taleisnik and Lavado，2020）。

该次大陆正在重新认识它的盐化问题。这一问题的社会影响正在得到解决，特别是由于粮食安全问题。灌区的盐渍化进程仍在继续，尽管在一些案例中排水和灌溉技术的改进显著改善了这种情况。然而，在拉丁美洲的许多地区，土壤盐渍化仍在扩大。森林砍伐的范围很广，这些土地利用改变的后果将进一步导致土地退化，并影响其土地和水资源的可持续性。FAO 和来自拉丁美洲国家的各个组织正在按照统一的标准制定当代盐渍化土壤图，预计未来十年将定量化其日益扩大的空间范围。

15.8　荷兰和周边低地国家

15.8.1　回顾

荷兰的盐渍化问题主要发生在北海沿岸地区。图 15-10 中，蓝色代表受堤坝保护的海平面以上或以下的区域，橙色代表没有堤坝保护的海平面以下的区域。海岸沿线的白色区域，包括北部和西南部的岛屿，都是淡水位于海水之上的沙丘。

应对北海荷兰沿海地区洪水带来的盐渍化：纵观历史，人们已经认识到并应对盐渍化多个方面的问题，特别是盐渍化和钠质化导致土壤结构恶化的原因、脱盐和脱钠修复，以及作物耐盐性/非耐盐性（Raats，2015）。最初，水资源管理者和农民的经验构成了他们决策的基础。从 1850 年起，传统观点逐渐发展为科学认识。开始主要是基于土壤的化学分析，后来结合了物理化学概念，最近包括了水流和运移过程以及植物生理学的分析。

在 20 世纪上半叶，自然洪水（1906 年、1916 年）和战时战略上洪水淹没（1939/1940 年、1944/1945 年）引发了土壤盐渍化和钠质化过程。1916 年的大洪水过后，荷兰制定了须德海工程计划，至 1932 年阿夫鲁戴克拦海大坝（Afsluitdijk，图 15-10 中的 6 号）完工，改变了以前受潮汐影响和富含盐分的须德海。这座大坝后面现在是淡水湖艾瑟尔湖和马肯湖，周围是一系列新的圩地，总面积为 165 000 hm² （Raats，2015 中图 2）。换句话说，以前的须德海现在变为两个湖泊，以及维灵厄梅尔和弗莱福圩区。这两个湖泊是北方省份的淡水水库，包括补充沿岸沙地的生活用水。

荷兰早期的盐渍化研究与大洪水和须德海工程的影响有关。Raats（2015）介绍了很多这类研究，也包括了荷兰科学家在 19 世纪后期至 20 世纪上半叶进行的开创性研究。具体来说，重点关注酸性硫酸盐土壤、应用石膏改善土壤结构退化、植物耐盐性分析、种植耐盐植被以开垦海平面以下的土地（圩地），以及了解咸水从开放水域向低洼地带的渗流过程。

1953 年 2 月毁灭性的洪水过后，三角洲计划立即启动，旨在防止今后这种罕见的特大风暴再次造成破坏。该计划包括升级整个海岸沿线的所有堤坝，并在西南部修建一系列屏障，以封闭除西斯海尔德以外的所有潮汐入口（位置 4 和 5，图 15-10）。最初的主要目的是保护生命和财产，降低堤坝维护成本；西南部岛屿上许多圩区的咸水渗漏问题也能得以缓解。

图 15-10　荷兰地图。图中 9 个数字代表 2 个最大的城市、4 个海水屏障和 3 个淡水入口的位置。NAP 代表海平面。海岸沿线防止海水泛滥的保护措施有沙丘或堤坝。经许可引自：PBL Netherlands Environmental Assessment Agency/Rijkswaterstaat-Waterdienst（2010），http://www.pbl.nl。North Sea，北海；Lake IJssel，艾塞尔湖；Lake Marken，马肯湖；Hollandsche IJssel，荷兰艾塞尔；Lek，列克；Meüse，梅斯；Rhine，莱茵；IJssel，艾塞尔；Wadden Sea，瓦登海。

　　在三角洲计划的实施过程中，来自环保人士和渔民的压力最终导致计划产生了重大变化。虽然在东斯海尔德的一座大坝已经在 1960 年开始修建，但直到 1979 年，议会才批准了一种新型的挡潮闸，其闸门可以在必要时关闭（http://www.deltawerken.com/English/10.html?setlanguage=en）。这道屏障于 1986 年建成。此前，1974 年决定通过大坝中的水闸来保持规划的赫雷弗灵恩湖的淡水，防止其盐化，该水闸于 1978 年完工。

15.8.2　现状

（1）**成层密度流**。早在 20 世纪 50 年代，W.H. Van der Molen（https://edepot.wur.nl/350617）注意到东北部弗莱福圩区在深度 10～15 m 处盐分高，在这些地方高渗透性的更新世沉积物延伸至地表。他推测这里高的盐分可能是由于土壤中的淡水和上层的须德海（公元 1600—1931 年）海水之间存在微小的密度差异，导致了对流而形成；或者说，在几个世纪的时间尺度上，海侵可能会导致整个含水层迅速盐化。在西欧，数千年的全新世海侵已经使相应时代的咸水深度超过 200 m。然而，在世界各地的许多地方，已经在大陆架上发现了淡水和微咸水（Post et al.，2013）。Post 和 Simmons（2009）的数值模拟说明了低渗透透镜体如何保护淡水不与上覆的、向下侵入的高密度海水混合。Van Duijn 等（2019）对积水表面下的这种成层密度流进行了总体的、现代的稳定性分析。

（2）**潮汐导致河口海水入侵**。须德海工程和三角洲计划阻止了北部潮汐运动引起的盐渍化。在西南三角洲，只是消除了部分潮汐运动，没有大型的淡水水库可用，如北部省份的艾瑟尔湖和马肯湖（图 15-10）。相反，西南部的淡水供应直接来自主要河流的改道。20 世纪，莱茵河水质逐渐恶化，直到一系列国际条约的实施带来改善。由于低密度的水流出、高密度咸水流入，使河流水质进一步恶化。历史上，潮汐没有得到控制，内陆的河水盐化，尤其是在河流流量较低的时期（Van Veen，1941）。由于这种盐化，在 20 世纪 70 年代，鹿特丹和海牙之间重要的韦斯特兰温室区的地表水几乎不适合用作灌溉水。由于高淋溶分数和高施肥量的共同作用，种植者利用排水回归水使情况变得更糟。兰德（RAND）公司对荷兰的水资源管理进行了政策分析（例如，Abrahamse et al.，1982），平衡了工程目标和农业利益，特别是温室园艺所需的灌溉水质。三角洲工程在一定程度上缓解了河口海水入侵；然而，农业和环境利益的冲突继续主导关于海水拦截的讨论，因为这与维持咸水生态系统的愿望有关。

（3）**海水入侵至海平面以下的陆地**。图 15-11 给出了荷兰沿海地区咸-淡水界面的深度。比利时沿海地区也有类似的地图（Vandenbohede et al.，2010）。由于西海岸沙丘区的淡水漂浮在含盐地下水之上，北部和西南部没有沿海沙丘，其咸水入侵最强烈。

在沙丘上的许多地方，淡水被开采用作荷兰西部地区饮用水源。这些地区由于持续的咸水入侵，地下水含盐量太高。例如，自 1853 年以来，西海岸一片 3400 hm^2 的沙丘向阿姆斯特丹供应饮用水。为了保持沙丘中漂浮的淡水水体稳定，开采的淡水可以通过超量降雨和河水渗透来补偿，随后部分储存到艾瑟尔湖和马肯湖。

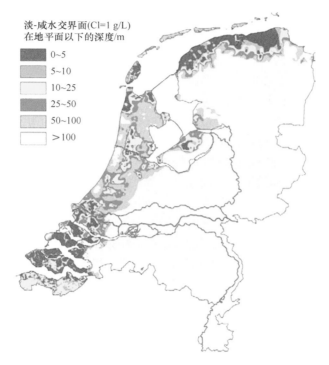

淡-咸水交界面(Cl=1 g/L)
在地平面以下的深度/m

- 0~5
- 5~10
- 10~25
- 25~50
- 50~100
- >100

图 15-11　淡-咸水交界面在地平面以下的深度（m）。交界面设定在氯化物 1 g/L 处（De Louw，2013，图 1.1），经作者许可。

（4）在农田中浮在盐水之上的淡水。最近，人们对浮在地下咸水之上的淡水透镜体的重要性有了充分的认识，不仅是在沙丘中，而且在地下咸水向上渗透的沿海地区农田中（见图 15-11）。这些淡水透镜体可以来自雨水、融雪，也越来越多地来自农田灌溉。

Eeman 等（2011）详细分析了淡水透镜体的厚度，以及该透镜体与上升的咸水之间的过渡带。他们从排水沟或沟渠之间的完全含盐条件开始，假设咸水上升和淡水入渗的速率恒定，结果表明淡水透镜体会不断变大，直到达到最大尺寸。此外，他们得出结论，排出水的淡/咸比值将由零转变为入渗/上升渗流比值。然而，也有研究（De Vos et al.，2002；Delsman et al.，2014；Eeman et al.，2012）表明，入渗和植物根系吸水的季节性变化将导致透镜体厚度及排水的淡/咸比值随时间而波动。

（5）在普遍湿润和凉爽气候下的耐盐性。大多数大田作物和花卉的耐盐性数据可追溯到 2000 年之前，Van Bakel 等（2009）和 Stuyt 等（2016）对此进行了综述。后者关于荷兰的汇编是最完整的，提供了 35 种/类作物的耐盐阈值。Sonneveld（2000）、Sonneveld 和 Voogt（2009）收集了温室园艺作物的耐盐性数据，包括植物营养和盐分之间的相互作用。

过去十年中，在 Texel 盐分农场进行了耐盐性测试（De Vos et al.，2016；Van Straten et al.，2016，2019a）。灌溉试验设置 7 种不同盐分浓度的灌溉水（咸水与淡水混合），每个处理 8 次重复，试验小区面积为 160 m²。由于土壤的导水率高，无论生长季的天气如何，在整个根区都有可能保持所需的浓度。试验测试了 6 种作物的耐盐性：马铃薯（5 个品种）、胡萝卜（7 个）、洋葱（4 个）、生菜（3 个）、甘蓝（2 个）和大麦（2 个），目的是鉴定耐盐性高的作物品种。采用 Maas 和 Hoffman（1977）、Van Genuchten 和 Gupta（1993）的模型对数据进行分析。Van Ieperen（1996）探索了一种基于 Dalton-Fiscus 模型的水分和溶质吸收模型。

（6）大西洋北海周边国家的盐渍化。 原则上，比利时、德国、荷兰、瑞典和英国的沿海低地都面临着与荷兰类似的盐渍化威胁。例如，2013 年 12 月 5 日北海南部风暴期间，英国东海岸出现大面积的农田洪涝灾害（Spencer et al.，2015）。由于不同的经济和政治优先事项考量，对此类事件的响应各不相同。得益于对 1953 年风暴洪水的响应——三角洲计划，荷兰在 2013 年避免了这次潜在的灾难性洪水。Gould 等（2020）分析了英国林肯郡沿海洪水对农业的影响，他们指出，洪水风险评估通常强调沿海洪水对城市和国家基础设施的经济影响，往往忽略农用地盐渍化的长期影响。考虑到这种长期的盐渍化，他们计算出每次洪水造成的经济损失为 1366～5526 英镑/hm²；如果洪水后改种耐盐作物，损失将减少 35%～85%。

15.8.3 展望

（1）对可持续温室生产系统进行了半个多世纪的研发之后，计划将在 2027 年实现温室作为封闭循环系统运行、最小营养液定期更新目标，这将是一个重要的里程碑事件。避免钠和氯化物输入的最佳方法是收集与储存温室屋顶径流，并将其用作灌溉水。从 2027 年起，不再允许排放含氮或磷酸盐的水，这就需要关于氮和磷作物需求量的可靠数据。在温室园艺中，排水量以前是 10 cm/a[=1000 m³/(hm²·a)]，现在种植者已经将其减少到 1 cm/a[=100 m³/(hm²·a)]，在最近的一项试点研究中，这一数值降低到了 1 mm/a[=10 m³/(hm²·a)]，这个量很容易通过脱盐以供再次使用。

（2）目前有几个机构就淡水资源的短期和长期分配提供建议。KNMI（皇家气象研究所）密切监测夏季水量平衡的时空分布，重点关注生长季的缺水情况。为了补充 KNMI 的数据，农学家们面临一个重大挑战，那就是开发针对具体地点的工具，及时为种植者提供建议，因为夏季缺水在很大程度上取决于具体地点（土壤类型、根区盐分、土地利用、水管理）。

（3）尽管荷兰年降雨量盈余较大，但生长季的累积蒸散量始终大于降水量。因此，需要增加多余降水的临时储存。受到成功利用沙丘储存饮用水的启发，目前有许多倡议，开发地表水和地下水储存潜力，保存生长季以外多余的降水，而不是将其作为排水流失。为了应对图 15-11 所示的盐分危害，人们对北部沿海地区的优质灌溉水和西南部的群岛非常关注。理想情况下，设计此类蓄水系统应基于详细的地质水文调查和盐分监测，并结合先进的地下水流多维计算代码。

（4）希望获得资助用于继续开展类似近十年来在 Texel 盐分农场的实验。除了需要特定作物/品种的常规耐盐性数据外，还需要评估那些最有希望的作物/品种在正常生长条件下的表现。计算机模拟模型，如 SWAP（Kroes et al.，2009；Van Dam et al.，2008）或类似计算模型（第 3 章）可用于规划、评估和推断此类实验。

（5）近年来，欧盟提供的资金促进了合作。2017～2022 年，欧盟区域间合作计划（INTERREG）中北海地区和其他几个组织正在为盐渍农业项目（SalFar）提供资金（De Waegemaeker，2019；Kaus，2020）。该项目促成了应对气候变化和粮食安全的国际会议（Saline Futures，2019）。这次会议不仅包括欧盟项目的成果，还包括许多北海国家的其他项目，以及非洲、亚洲和美国东部相关环境的成果。Edelman 和 Van Staveren 应 SCS 的邀请参观了美国海湾和东部海岸，已经注意到了美国和荷兰低地之间的共同点（Edelman and Van Staveren，1958）。在盐渍化未来大会（Saline Futures Conference）上提交的论文的出版工作正在筹备之中，毫无疑问，这将激励世界各地沿海地区对盐渍化问题的研究。

15.9　尼罗河流域

15.9.1　回顾

尼罗河是非洲东北部一条主要的向北流的河流，全长 6650 km，是非洲最长的河流，其流域覆盖了 11 个国家：坦桑尼亚、乌干达、刚果民主共和国、卢旺达、布隆迪、埃塞俄比亚、厄立特里亚、肯尼亚、南苏丹、苏丹共和国和埃及（FAO，2009）。尼罗河有两条主要的支流——白尼罗河和青尼罗河。白尼罗河被认为是尼罗河本身的源头和最初的河流，而青尼罗河是主要的水源，包含了 80%的水和泥沙。白尼罗河较长，发源于中非大湖地区，向北流经坦桑尼亚、维多利亚湖、乌干达，然后流向南苏丹。青尼罗河发源于埃塞俄比亚的塔纳湖，流入苏丹。这两条河在苏丹首府喀土穆以北汇合。尼罗河的北部几乎全部流经苏丹沙漠，到达埃及，最终形成一个巨大的三角洲，然后流入地中海。

尼罗河流域面积 330 万 km^2，约占非洲面积的 10%。尼罗河流域水文复杂，因此，任何给定位置的流量取决于多种因素，如天气、引水、蒸发和蒸散及地下水流。尼罗河流域中苏丹的面积最大（190 万 km^2），而在尼罗河的四条主要支流中，有三条来自埃塞俄比亚——青尼罗河、索巴特河和阿特巴拉河。然而，苏丹和埃及是尼罗河的主要用水国（Mohamed et al.，2019）。

埃及人在尼罗河谷地开展灌溉农业已有约 5000 年的历史，依靠尼罗河水流的涨落进行淹灌。自公元前 3000 年起，埃及人就开始建造土堤，形成大小各异的洪泛盆地，注入尼罗河水浸透土壤，以供作物生产。与美索不达米亚的其他文明相比，埃及的灌溉农业可持续发展了数千年。Hillel（1992）揭示了其原因：①每年的自然洪水沉积了营养丰富的土壤物质；②尼罗河每年的周期性涨落造成地下水位的波动，以及每年对其狭窄的河漫滩的盐分冲刷；③每年的洪水发生在夏末秋初，即春季生长季之后。

随着阿斯旺高坝的修建，大部分土地转变为常年灌溉，灌溉面积从 2.8 Mhm^2 增加到 4.1 Mhm^2。常年灌溉以及缺乏每年来自尼罗河的淋洗，引发了土壤盐渍化（El Mowelh，1993）。在埃及，80%以上的尼罗河水（55.5 Bm^3/a）用于农业。农业节水是一项重大挑战，因为埃及每年的人均可利用水资源量预计将从目前的 950 m^3 降至 560 m^3。

尼罗河流域的盐渍化有的是内部产生的，有的来源于海水入侵（沿海地区）或地下咸水灌溉。由于埃及气候干旱，年降雨量为 5～200 mm，而年蒸发量达到 1500～2400 mm，如果没有灌溉，埃及大部分地区的作物生产是不可能的。灌溉地区的盐渍化问题普遍存在，大约 100 万 hm^2 的土地已经受到影响。目前，埃及只有 5.4%的优质土地资源，约 42%的土地资源由于盐渍化问题而相对贫瘠。尼罗河谷地和三角洲的土壤是变性土，湿润时明显膨胀，干燥时收缩。在埃及，生产性土地有限且不可替代，因此应谨慎管理并保护其免受各种形式的退化（Qadir et al.，2007）。

尼罗河流域的其他国家也存在盐渍化问题。肯尼亚约有 5 Mhm^2 盐碱地。在坦桑尼亚，约 30%的地区存在排水不良和土壤盐渍化问题。刚果民主共和国、乌干达、布隆迪和卢旺达等国家的盐渍化土地问题相对较少，但土壤肥力较低（FAO，2009）。南苏丹和苏丹的盐碱地分布在白尼罗河灌溉系统内。由于可以利用尼罗河水，该地区虽然潜力大，但是也几乎没有被用于农业生产（Qureshi et al.，2018）。在南苏丹的其他地区，土壤肥力低，且缺乏作物和牧草的优质种子，限制了该地区的农业发展。

埃塞俄比亚的盐渍土面积居非洲首位，估计有 11 Mhm^2 的土地受到盐渍化的威胁（Ashenafi and Bobe，2016；Frew et al.，2015），相当于该国 9%的总土地面积和 13%的灌溉面积。这些土壤集中在东非大裂谷、谢贝利河流域、迪纳基尔平原，以及该国其他低地和河谷中，这里居住着 9%的人口（Frew et al.，2015）。目前，土壤盐渍化被认为是导致该国低地作物减产、农场收入降低和贫困加剧的最主要问题（Gebremeskel et al.，2018）。排水设施不足、灌溉水质差以及农场水管理措施不当，通常是导致盐渍化问题日益严重的主要原因。

尽管盐渍土分布广泛，埃塞俄比亚仍然没有关于盐渍土的范围、分布和产生原因的准确数据。大部分盐渍土集中在东非大裂谷系的平地、谢贝利河流域的索马里低地、迪纳基尔平原以及该国其他各种低地和谷底（Ashenafi and Bobe，2016）。在没有设置适当排水系统的情况下，引入大规模灌溉工程，也导致戈德（索马里地区）的谢贝利河流域下游的土壤盐渍化问题迅速扩大。表 15-4 给出了埃塞俄比亚四大地区的表层盐分分布情况。

表 15-4 埃塞俄比亚不同地区的表层土壤盐分（0～30 cm）分布面积

土壤盐分水平	阿法尔州面积		阿姆哈拉州面积		奥罗米亚州面积		提格雷州面积	
	km²	%	km²	%	km²	%	km²	%
非盐渍土/水体	40 787	42	137 421	88	287 768	89	48 067	97.39
轻度盐渍土（2～5 dS/m）	26 916	28	4 903	3	17 292	5.3	0	0
中度盐渍土（5～10 dS/m）	9 798	10	11 892	8	17 152	5.3	1 339	2.7
重度盐渍土（10～15 dS/m）	5 618	5	1 230	0.8	1 577	0.5	0	0
极重度盐渍土（>15 dS/m）	14 085	15	202	0.2	714	0.3	0	0
总计	97 204	100	155 648	100	324 429	100	49 406	100

15.9.2 现状

20 世纪，苏丹在尼罗河上修建了四座水坝，为增加的 18 000 km² 土地提供灌溉用水。这使得苏丹成为尼罗河水的第二大使用国，仅次于埃及。尽管实施了这些工程，但苏丹尚未充分实现其生产潜力，原因是缺乏水利基础设施，无法在农户之间合理地分配水资源，而且农业投入不足、土壤肥力低。在埃及，农业消耗了大约 85% 的可利用水资源。阿斯旺大坝的建成增加了灌溉强度，在许多地方出现了内涝问题，造成了土地和水资源的污染。

在埃及，已经布设了地表和地下排水系统，以控制上升的地下水位和土壤盐渍化。此外，还采用了基于作物的管理方式应对土壤盐渍化（Qadir et al.，2007）；鼓励农民使用农业排水灌溉作物，从而减少处理问题。然而，不规范地将排出水用于灌溉降低了作物产量，污染了土壤和水资源。除了农用化学品残留物和盐分，排出水还包括经处理和未经处理的生活废水。有机改良剂的使用以及农家肥和石膏的混合施用有助于降低土壤盐分含量和钠化度（Mohamed et al.，2019）。最近，苏丹引入了植物修复或基于植物的复垦，例如，替代石膏用于降低土壤的钠化度（Mubarak and Nortcliff，2010）。

在缺乏地表和地下排水系统的情况下，埃塞俄比亚的农户继续采用传统的盐渍化管理方案来治理盐渍土，包括：①直接淋洗盐分；②种植耐盐作物；③驯化本地野生盐生植物用于农牧系统；④植物修复；⑤化学改良；⑥使用有机改良剂，如动物堆肥。农户们还采用了各种排水设计，将其中的盐分沉淀后再用于灌溉。然而，从长远来看，这些做法都未能缓解盐渍化问题。因此，作物产量继续下降，导致农场收入减少、粮食短缺和贫困加剧。许多小农户还从事日常劳动，导致大量农民迁移到附近城市，加剧了城市失业问题（Kitesa et al.，2020）。

15.9.3 展望

埃及不断增长的人口导致对粮食的需求不断增加（预计 2025 年将从目前的 8500 万增加到 9500 万），该国正在努力扩大其灌溉农业面积。最近，联合国粮农组织与水资源和灌溉部（MWRI）、农业和土地复垦部（MALR）合作，启动了"支持新垦区可持续水管理和灌溉现代化"项目，该项目将提高资源的利用效率，在低投入水平下实现高生产率，同时尽量减少不利的外部因素。此项目还专注于管理与农业部门生产系统相关的生态、社会和经济风险，包括疾病和气候变化。该项目还将重点识别和加强生态系统服务的作用，特别是它们对资源利用、风险响应和环境保护的影响。

随着尼罗河淡水供应量的减少，农户们转而使用低质量的地下水进行灌溉。这导致土壤盐渍化加剧，从而对作物产量和质量产生了负面影响（Gorji et al.，2017）。因此，埃及必须规范排水的再利用，以控制土壤盐渍化。这将需要完善的盐渍化监测方案，用于提供排水和地下水质量及数量的更新数据。最重要的是，这些数据对制定这类水资源的安全使用策略至关重要。与许多其他国家一样，埃及需要依据土壤类型、气候条件和种植的作物，制定利用劣质排出水和地下水灌溉的综合指南。此外，还需要提高农场和流域尺度的水分利用效率。对于高度盐渍化的沿海地区，必须鼓励种植耐盐作物和盐生植物。

尽管埃塞俄比亚有大片受盐渍影响的地区，但解决盐渍问题的研发项目很少。因此，盐渍土的现状和未来的程度尚不清楚，而其经济影响并没有引起决策者的重视。没有任何国家组织对扩大灌溉或停止现有灌溉的农场进行监测、评估和许可。现有信息有限，且多基于尚未完成的或来自埃塞俄比亚境外的初步研究。该国缺乏对盐渍化地区的系统分析，也缺乏应对土壤盐化和钠质化问题的战略规划。因此，应设立研究项目，持续资助土壤盐渍化研究，定量评估其范围和危害，并发展技术和管理措施，复垦和防止该国土壤盐渍化进一步扩大。具体而言，必须考虑引入适当的排水系统，灌溉输水渠道应铺设衬砌，以减少水资源损失，尤其是在地下水富含盐分的地区。此外，选择耐盐牧草、作物和豆科植物可以大幅度提高盐渍土地的生产力。总之，埃塞俄比亚必须制定长期的国家政策和战略规划，为其灌溉农业找到持久的解决方案。

埃塞俄比亚在尼罗河上修建了世界上最大的水坝，这是该地区的另一个重大进展。靠近苏丹边境的尼罗河上的埃塞俄比亚复兴大坝（GERD）建成后，库容为 70 Bm^3（相当于苏丹边境青尼罗河的全年流量），发电量为 6000 MW。据估计，GERD 将灌溉埃塞俄比亚西北部 1680 km^2 的林地。埃塞俄比亚声称，这座大坝也将使下游国家受益，主要是苏丹和埃及，因为它将清除 86%的泥沙和沉积负荷，并通过调节流量来节约用水，为苏丹和埃及提供可靠的全年供水（Tesfa，2013）。尽管埃塞俄比亚声称不会对埃及等下游国家造成影响（Sherien et al.，2019），依然有人担心，流入埃及的尼罗河流量将会减少 12%～25%（100 亿 m^3），尤其是在 5～7 年的筑坝期（Ibrahim，2017）。这将对埃及的作物生产和土壤盐渍化管理产生严重影响。因此，尼罗河水资源共享国之间的合作对于管理和保护这一水资源至关重要，以确保生活在尼罗河流域的 2.8 亿人口未来的粮食安全和生计。

15.10 巴 基 斯 坦

15.10.1 回顾

巴基斯坦的灌溉农业主要集中在印度河平原，通过利用该国可用的主要水资源开发了该地区的灌溉农业。巴基斯坦干旱和半干旱地区的农业在很大程度上依赖于持续的灌溉供水，因为这里蒸散量需求很高，而降雨量不足或不可靠。印度河流域灌溉系统的灌溉面积约为 1600 万 hm^2，每年将 1310 亿 m^3 的地表水分流至 43 个干渠系统。可常年供水的面积为 860 万 hm^2，其余区域仅在夏季供水。约 93%的总取水量分配给农业，4%为生活用水，其余 3%用于工业（Bakshi and Trivedi，2011；Qureshi and Husnain，2014）。

印度河流域的大规模灌溉开始于 18 世纪下半叶，目的是扩大定居点，避免作物歉收和饥荒。当时，地下水位在距地表 30 m 以下，因此没有考虑排水需求（Fahlbusch et al.，2004）。由于无衬砌渠道的持续渗流和水浇地的渗漏，地下水位上升到距地表 1.5 m 以内，造成内涝，从而导致了土壤盐渍化问题（Wolters and Bhutta，1997）。在地下水含盐的地区，土壤盐渍化问题变得更加突出（图 15-12）。

印度河流域的大部分土壤盐渍化来自原生盐渍化（2.3 节）。然而，利用劣质地下水灌溉导致的次生盐渍化进一步加剧了这个问题。印度河流域面临着相当大的盐分平衡问题。据估计，每年由印度河水带来的盐分总量平均为 3300 万 t，而流入大海的盐分仅为 1640 万 t。年增加平均盐分储量约为 1660 万 t，相当于每公顷水浇地增加储存 1 t 盐分。因此，土壤盐渍化已经成为一个重要的生态难题，450 万 hm^2（占总面积的 27%）土地已经受到影响（WAPDA，2007）。

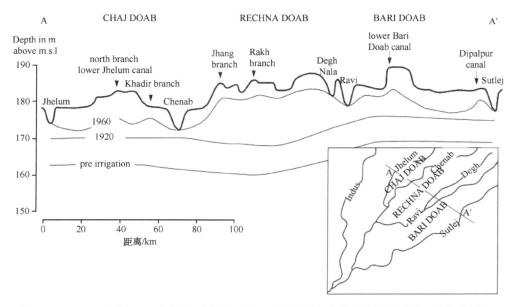

图 15-12　1920 年和 1960 年的地下水断面图（巴基斯坦旁遮普引入渠灌后地下水位上升）

CHAJ DOAB，查吉多布；RECHNA DOAB，雷奇纳多布；BARI DOAB，巴里多布；Depth in m above m.s.l.，m.s.l. 以上高程（m）；north branch lower Jhelum canal，杰赫勒姆运河北部分支；Jhang branch，Jhang 分支；Rakh branch，Rakh 分支；Degh Nala，德格娜拉；Ravi，拉维；lower Bari Doab canal，巴里多布河下游；Dipalpur canal，迪帕尔普尔运河；Sutlej，萨特莱杰河；Jhelum，杰赫勒姆河；Chenab，杰纳布河；pre irrigation，灌溉前；Indus，印度河；Chenab，切纳布；Degh，德格；Jhelum，杰赫勒姆河

　　如图 15-13 所示，信德省的盐渍化问题最为严重，约 50%的灌溉面积受到影响。这主要是由于排水条件差、浅层地下咸水，以及使用劣质地下水进行灌溉，因为地表水供应量远远低于实际作物需水量（Bhutta and Smedema，2007）。在印度河流域，除了土壤总盐外，含钠也是一个主要问题，因为该流域 70%的地下水

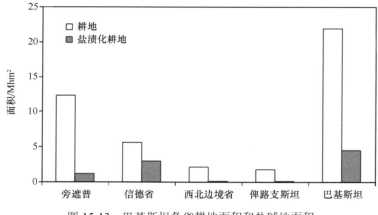

图 15-13　巴基斯坦各省耕地面积和盐碱地面积

井抽出的都是含钠水，从而影响土壤结构和入渗速率（2.3 节和第 12 章）。印度河流域盐渍土通常分为四种类型，如表 15-5 所示。

表 15-5　按盐分含量分类的印度河流域盐渍土的面积

分类	面积/Mhm²	特征
轻度盐化-钠质化土	0.4	轻度盐化-钠质化，在农田中以斑块状出现（面积占 20%左右）
多孔的盐化-钠质化土	1.2	整个根层盐化-钠质化，多孔且透水
重度盐化-钠质化土	1.0	地下水位高，紧实，透水性差
含钠质水的土壤	1.9	由于采用钠质水灌溉，钠质化严重

15.10.2　现状

早在 1870 年，人们就意识到了内涝和土壤盐渍化的共同威胁，此后人们采取了各种补救措施来解决这一双重威胁，其中包括工程措施、改良策略和生物干预。下面将简要讨论这些问题。

（1）工程措施。20 世纪 50 年代与美国地质调查局合作进行了第一次详细的地下水位和盐渍化调查，并通过盐渍化调控和复垦项目（SCARP）为公共部门垂直排水计划奠定了基础。因此，1960~1970 年期间，在浅层地下淡水区域修建了 14 000 个管井，平均出水量为 80 L/s，覆盖了 2.6 Mhm² 的灌溉土地，大约耗资 20 亿美元（Qureshi et al.，2008）。该项目旨在降低地下水位，并将抽取的地下水与渠道淡水混合，增加农场的灌溉用水。SCARP 将 2.0 Mhm² 的地下水位降至 1.5 m 以下，并将 4.0 Mhm² 的地下水位降至 3 m 以下，一定程度上有效地抑制了内涝和盐渍化的发生。因此，盐渍土地从 1960 年的 42%下降到 1977~1979 年的 32%左右，灌溉供水的增加也使得大多数 SCARP 地区的种植强度从 84%增加到 125%（Qureshi et al.，2010）。

20 世纪 70 年代，人们意识到通过垂直排水的方式循环，使得水中含盐量升高，加剧了盐渍化问题，从而转向建造成本高出 10 倍的水平排水系统。支持水平排水的主要论点是：排出水水质会随着时间的推移而改善，使更多的排出水可以用于灌溉，同时也减少需要处理的问题。此后，巴基斯坦各地完成了约 10 个主要的水平排水工程（12 600 km 的排水管）。这些排水系统成功运行的主要瓶颈是排出咸水的安全处理问题。为了解决这一问题，巴基斯坦在印度河东侧修建了一条长达 2000 km 的地表排水沟，将 50 多万公顷土地的排出水输送至海洋（Qureshi et al.，2008）。

（2）改良策略。巴基斯坦的盐渍化管理仍然侧重于降低地下水位和盐分淋洗，但是没有一项改良钠质土和盐化-钠质土的国家行动计划。地方政府的工作主要局限于支持大田研究和给农民提供施用石膏的补贴。当地广泛施用石膏、酸性物质和农家肥，并结合地表起垄和深耕。农业和工业废弃物，如农家肥和糖业副产品，也被用来改善钠质土。巴基斯坦测试了大量酸性物质，包括硫黄、硫酸和硫酸铝（Ghafoor et al.，2004），然而，由于成本和管理的复杂性，农户们不太认可这些产品。相反，石膏被认为是钠质土改良中最经济有效的添加剂，并得到了政府的大量补贴（Shah et al.，2011）。

（3）**生物干预。**生物方法强调通过综合利用植物遗传资源、动物和改进的农业实践，实现重度盐化的水和土地的持续利用。巴基斯坦在利用高盐水种植耐盐作物方面已经开展了大量工作（Ghafoor et al.，2004；Shah et al.，2011），包括种植耐盐植物、灌木、乔木和牧草。植物，尤其是乔木，通常被称为生物泵，在特定区域的整体水文循环中发挥着重要作用。在巴基斯坦，生物修复将增强蒸散作用作为控制地下水位和盐分上升的有效手段，得到了广泛推广（Dagar et al.，2011）。在过去 20 年左右的时间里，巴基斯坦培育了许多耐盐物种和品种，如杨树、桉树、柽柳、金合欢和豆科灌木等。类似地，灌木、莎草、牧草和药草等非木质植物的庞大根系可以利用浅层地下水（Choudhry and Bhutta，2000）。然而，只有当这些植物占据足够大的面积时，它们才能维持较低的地下水位。

15.10.3 展望

在过去 20 年中，巴基斯坦为控制土壤盐渍化做出了很大努力，使盐渍化面积从 20 世纪 70 年代的 6 Mhm^2 以上减少到 2007 年的 4.5 Mhm^2（WAPDA，2007）。

尽管在过去 30 年里进行了大量投资，但土壤盐渍化仍然是印度河流域面临的最大挑战。该问题将继续威胁其农业系统的可持续性，以及巴基斯坦养活不断增长的人口的能力。关于印度河流域的盐渍化问题，很多讨论集中在未来的水资源短缺和充分排水的必要性上。

巴基斯坦的盐渍化管理问题很复杂，综合方法是可持续灌溉农业的关键。因此，灌溉应该有配套的排水系统。灌溉和排水紧密相连，因为过度灌溉是造成内涝的主要原因，而灌溉管理水平决定了排水处理量。排水处理仍然是巴基斯坦高效盐渍化管理的主要问题。将含盐污水排入河流中只会将盐分输送到灌溉系统末端的水浇地。因此，这既不是一个切实可行的长期解决方案，也不利于环境。

由于主要水库的淤积，到 2025 年，巴基斯坦的蓄水能力预计将减少 57%，为满足未来的用水需求，还需要增加 220 亿 m^3 的水（World Bank，2008）。此外，由于气候变化的影响，2050 年水资源短缺量可能达到 1.34 亿 m³（Amin et al.，2018）。因此，除非巴基斯坦显著提高其淡水利用效率，否则未来将不得不使用更多劣质灌溉水。此外，还需要寻求排出水的可持续再利用，以尽量减少排水量。及时提供耐盐种质等农业投入，通过作物多样化促进盐土农业，也可以提高个体农户的生产力。最重要的是，农户需要获得有关改进的灌溉管理和改良方法的新信息。

16 挑战、知识缺口和建议

第 15 章的案例研究说明了在世界主要灌区采用先进的管理措施的必要性。在最后一章中，我们将对确定的研究重点与这些地区的具体挑战和需求进行总结。尽管过去对盐渍土开展了大量的研发工作，但在提高盐渍农业韧性的创新研究和工具方面仍存在知识缺口。

在水循环过程中，盐分和其他元素会随着水流而运移，从陆地景观进入海洋。因此，2000 多年来，盐渍和内涝一直影响着干旱地区的农业生产。很久以前，Hilgard（1886）描述了干旱地区盐渍化问题的必然性，以及预防或解决这些问题所需的措施，他基于对 100 年前印度的盐渍化和涝渍问题的理解，提出了加利福尼亚中央河谷即将出现的盐渍化的警告。尽管管理盐渍土所需的方法和投资众所周知，但盐渍化问题仍然存在于世界各地。在印度河-恒河流域（IGB）、尼罗河流域、伊拉克和中国等地，许多大型灌溉项目都是在 19 世纪至 20 世纪初发展起来的，利用重力将河水通过运河和沟渠分配给地面灌溉。然而，由于基础设施缺乏维护和地区战争，灌溉效率有所下降，修复现有排水系统和兴建新的排水系统需要大规模投资，这将是一个巨大的挑战。

其他可选择的方法包括通过灌溉管理提高灌溉用水效率（包括配水和大田应用）、控制渗漏损失、排出水的再利用，这些需要优先考虑（Oster et al.，2021）。排出水还可用于水产养殖或生物盐土农业，种植饲料作物，尤其是在不适合常规农业生产系统的地区。沿海地区的盐分含量可能很高，必须鼓励种植耐盐作物和盐生植物，包括分发耐盐种质和进行多样化种植。为了使植物育种者能够成功地找到更多、更耐盐的作物品种，先进的育种品系的杂交应该在一系列盐分和水分亏缺水平的田间条件下进行。现在更为紧迫的是，土壤盐渍化的速度可能大于通过育种提高常规作物或牧场耐盐性的遗传增益的速度。应考虑将非常规物种引入生产系统。为了使植物育种能够成功地提高常规作物的耐盐性，应尽快将新种质杂交到先进的育种品系中，并在田间设置一系列盐分和水分亏缺水平，评估其对粮食产量的影响。此外，在专注于转基因方法的同时，还应进一步挖掘植物的自然变异，将其用于改良盐渍土地上主要粮食作物的种质资源，并选择应用基因编辑技术。如何使植物将普遍存在的 Na^+ 和 Cl 用作渗透调节而不会造成长期毒害，这仍然是一个重大挑战。在无论是否灌溉（澳大利亚和拉丁美洲）的钠质土普遍存在的地区，寻求钠质土上的作物遗传改良尤为重要。

进一步还需要回答一个问题，即灌溉农业是否可持续，因为不管是否采用合理的盐分管理措施，半干旱地区的灌溉几乎总是会降低土壤质量和水质。人们越来越担忧全球淡水供应受到限制，因为灌溉农业消耗了约 75% 的可用淡水资源，越来越多的优质含水层得不到补充，同时也对优质地表水和地下水造成了污染。随着人口不断增加，特别是在新兴经济体及撒哈拉以南的非洲（SSA）和亚洲资源有限的地区，水资源短缺进一步威胁着粮食安全，这是由于几十年来灌溉水的利用效率非常低，气候变化导致作物需水量增加。为了弥补淡水供应的减少，需要采用非常规水资源，其中许多水资源的质量都很差，如排出水和经处理的废水，可能会威胁到更脆弱的环境和生产性农业生态系统的功能。人们担心的不仅仅是盐分，而是越来越担心灌溉土壤时会使其他化学物质发生移动，如微量元素、重金属、新兴有机污染物和氮肥，它们会威胁食品安全，或导致土壤退化和钠质化，并对土壤和水质造成其他长期未知的影响。这些相关的挑战为土壤盐渍化研究提供了非常大的机会，可为生产性农业寻求更可持续的解决方案。

尽管在许多干旱或半干旱国家，灌溉对确保粮食安全至关重要，但有人可能会认为，很多灌溉农业是不可行的，尤其是对于价值相对较低的作物和（或）考虑到盐碱土的生态环境影响时。灌溉农业可能会像其他部门一样，以经济效益为导向，必须包括用水及其处理的实际成本。人们可能会对农业用水的成本产生疑问，如果可用于工业或居民区等其他用途，同样质量的水的费用会高出很多。例如，据估计，2016 年美国因干旱和水资源短缺造成的损失为 140 亿美元（Davies，2017）。大部分灌溉供水都得到了大量补贴，而且不收取水资源费，只收取使水资源可以被利用的成本。可供选择的生产系统越来越多，如垂直栽培或无土栽培，声称可以提高用水效率。然而，我们不能只看可以负担更昂贵食品的高度发达国家。人们必须考虑到这样一个事实，即未来世界人口的大约 50% 将来自 SSA，该地区预计会出现粮食短缺，但如果对灌溉农业进行投资，就可以消除此问题。例如，Van Schilfgaarde（1994）指出，撒哈拉以南的非洲（SSA）灌溉土地的潜力约为 30 Mhm^2，比目前的灌溉面积大 3 倍左右，可以从农户的角度进行规划，取代大规模灌溉计划。在 IGB 等其他资源有限的地区，如果政府不进行投资来减缓土壤盐渍化，将增加小农户的风险，并导致极端不平等。据估计，全球每年因盐渍化造成的生产性土地经济损失为 300 亿美元（Shahid et al.，2018），其中大部分是由这些小农户承担的。

因此，我们最终需要仔细评估灌溉农业的需求，包括土壤盐渍化的风险、管理成本以及修复或处理，因为土壤盐渍化正在成为全球性的生态问题。我们需要评估与不可逆转的地下水开采和淡水资源退化有关的社会经济成本，并考虑水资源真正的经济价值。水量和水质密切相关，因此在使用水资源（如灌溉）时，必须考虑水资源的退化标准。改变土地利用在经济上可能是可行的，例如，在盐渍排水区和沿海地区利用耐盐物种重新造林，或者通过其他方式成功地将生物质盐土农业用于非生产性土地。随着时间的推移，不同地区的农业水平和决策会有所不同，经济发展以及公众在灌溉对社会和环境的影响方面的偏好也有所差异。社会必须明确他们愿意承担的环境后果，以及如何在直接或间接受益人之间分配成本。Wichels 和 Oster（2006）介绍了灌溉不可避免的环境影响，但是认为灌溉有可能是可持续的，不过在某些地区将环境影响降低到可接受水平的成本可能是巨大的。

我们认为采用合理的盐渍化和排水管理措施可以维持灌溉农业，但方式可能与过去不同。正如 van Schilfgaarde（1994）在他的总结中写道："技术就在那里或等待被发现，需求就在那里，潜力是存在的，但我们有意愿吗？"未来的挑战是制定相关策略，在增加粮食产量的同时保护土壤生态功能，最大限度地降低人类健康风险，并促进农业用地和水资源的可持续利用。中东一些最缺水的国家将海水淡化作为一个水安全战略，这是扭转不可持续的高盐水灌溉的有利机会。地下微咸水和专门用于灌溉的水资源的处理，将来可能会受益于那些在使用前选择性去除问题离子的技术。将来这些技术在经济上可能是可行的，而不是任其对土壤、作物、农产品和环境产生负面影响。此外，在土壤盐渍化较为普遍的地区，如幼发拉底河-底格里斯河流域、尼罗河流域以及 IGB，需要开展全面的盐渍化监测计划。这种长期监测将提供土壤盐分，以及排出水和地下水质量及数量的最新数据，以便为田间、地区乃至整个生态系统设计和实施有效的盐渍化管理指南。

Wichelns 和 Qadir（2015）回顾了各种观点，展望了可持续的未来及通过农艺措施强化农业的目标，以满足不断增长的全球人口对营养食物的需求。他们提议采取五项行动，共同解决阻碍世界上大多数灌区在盐渍化管理和排水基础设施方面的公共或私人投资的体制和政策缺陷。具体而言，他们建议对农户采取财政激励措施，投资改进农场尺度的水盐管理措施，例如，公共或区域机构根据其盐渍化管理活动进行补偿。

从历史上看，研发机构对盐渍土地的开垦和管理做出了重大贡献。但是，他们大多是独立地开展工作，没有跨学科的尝试。考虑到盐渍化问题的重要性和复杂性，需要采用多学科体系的方法。关键的政策障碍必须清除，使相关技术得以快速推广，特别是在 SSA 和南亚，以便农民能够获得改进的灌溉管理和改良方法的相关信息。新政策必须包括社会层面的多方利益相关者投入（政策规划者、研究人员、国家农业部门和发展委员会、农民协会、自助团体和非政府组织），并提供补贴和分摊成本等激励措施；创建基于网络的平台，确保在制定盐渍土改良技术的开发和实施相关决策时，多方利益相关者都能给出建议。这尤其适用于灌溉基础设施陈旧的地区，这些基础设施原本是为地面灌溉设计的，但现在效率极低。为了成功地管理各地的盐渍化，众多利益相关者必须努力协调他们的工作，以有效地利用资源，开发解决当地和区域问题的方案，优化资金分配，并寻求实现任何给定流域的盐分平衡。美国加利福尼亚州目前也采用了这种协作和多方利益相关者的共同努力方式，这有助于在可持续盐渍化管理措施的区域发展中建立信任和共识，以满足不同区域的多重目标。当前的一个例子是中央河谷盐分和硝酸盐控制计划的实施，该计划包括解决中央河谷（面积 46 619 km^2）盐分和硝酸盐排放问题的短期及长期战略。

一般来说，各国缺乏分析盐渍化地区的系统方法，需要制定解决土壤盐化和钠质化问题的战略计划。这些计划应持续资助土壤盐渍化研究，以定量评估其程度和危害，以及开发改良和防止各区域土壤盐渍化进一步扩大的技术及管理实践。为了评估土壤盐渍化管理的持续影响，不能像大多数受资助项目的短期研究（很少超过 3 年），而是需要更长时间的持续资助。开发用于区域盐渍化土壤制图的遥感技术是一个研究重点，这对于规划和实施区域战略是必要的。联合国粮农组织及各组织和各国政府正在与 GSP（全球土壤伙伴关系）合作，根据各区域之间的协议，绘制当代全球土壤盐渍化地图。

写这本概括性综述的目的，是希望通过我们对盐渍化农业知识缺口和研究重点的集体思考，为新知识和创新解决方案增加研究资金。我们还希望激励科学团体开拓新的盐渍化研究方向，以解决我们这里总结提出的知识缺口问题。

参 考 文 献

Abrahamse, A.H., Baarse, G., Van Beek, E., 1982. Policy Analysis of Water Management for the Netherlands. Vol. XII, Model for Regional Hydrology, Agricultural Water Demands and Damages From Drought and Salinity. RAND Corporation, Santa Monica, CA, p. 315.

Abrol, I.P., Yadav, J.S.P., Massoud, F.I., 1988. Salt-affected soils and their management. In: FAO Soils Bulletin 39. FAO, Rome.

ABS, 2010. Australian Bureau of Statistics Year Book, Australia, 2009-10. Commonwealth of Australia, Canberra, Australia. Catalogue No.1301.1.

Acosta, J.A., Jansen, B., Kalbitz, K., Faz, A., Martínez-Martínez, S., 2011. Salinity increases mobility of heavy metals in soils. Chemosphere 85, 1318–1324.

Adamchuk, V.I., Hummel, J.W., Morgan, M.T., Upadhyaya, S.K., 2004. On-the-go soil sensors for precision agriculture. Comput. Electron. Agric. 44, 71–91.

Aggestam, K., Sundell, A., 2016. Depoliticizing water conflict: functional peacebuilding in the Red Sea–Dead Sea Water Conveyance project. Hydrol. Sci. J. 61 (7), 1302–1312.

Ahmed, I.M., Nadira, U.A., Bibi, N., Zhang, G., Wu, F., 2015. Tolerance to combined stress of drought and salinity in Barley. In: Mahalingam, R. (Ed.), Combined Stresses in Plants: Physiological, Molecular, and Biochemical Aspects. Springer International Publishing, Cham, pp. 93–121.

Aiello, R., Cirelli, G.L., Consoli, S., 2007. Effect of reclaimed wastewater irrigation on soil and tomato fruit: a case study in Sicily (Italy). Agric. Water Manag. 93, 65–72. https://doi.org/10.1016/j.agwat.2007.06.008.

Akhtar, S.S., Neumann Andersen, M., Liu, F., 2015. Residual effects of biochar on improving growth, physiology and yield of wheat under salt stress. Agric. Water Manag. 158, 61–68.

Al-Jeboory, S.R.J., 1987. Effect of soil management practice on chemical and physical properties of soil from Great Musaib projects. Thesis—College of Agriculture, University of Baghdad.

Al-Layla, A.M., 1978. Effect of salinity on agriculture in Iraq. J. Irrig. Drain. Div. 104 (IR2), 195–207.

Al-Taie, F., 1970. Salt-affected and waterlogged soils of Iraq. Report to Seminar on Methods of Amelioration of Saline and Water-Logged Soils. Baghdad, Iraq.

Al-Zubaidi, A., 1992. Land Reclamation. Min. of Higher Education and Scientific Research, p. 200.

Amin, A., Iqbal, J., Asghar, A., Ribbe, L., 2018. Analysis of current and future water demands in the upper Indus basin under IPCC climate and socio-economic scenarios using a hydro-economic WEAP model. Water 10, 537. https://doi.org/10.3390/w10050537.

Andrade, E.M.G., Lima, G.S., Lima, V.L.A., Silva, S.S., Gheyi, H.R., Araújo, A.C., Gomes, J.P., Soares, L.A.A., 2019. Production and postharvest quality of yellow passion fruit cultivated with saline water and hydrogen peroxide. AIMS Agric. Food 4, 907–920. https://doi.org/10.3934/agrfood.2019.4.907.

Antas, F.P.S., Dias, N.S., Gurgel, G.C.S., Oliveira, N., dos Santos, F.C., Oliveira, A.M., Filho, J.C., Sousa Neto, O.N., Freitas, J.M., Andrade, L.M., 2019. Analysis of recovery by desalination systems in the west of Rio Grande do Norte, Brazil. Desalin. Water Treat. 138, 230–236.

Apse, M.P., Blumwald, E., 2007. Na$^+$ transport in plants. FEBS Lett. 581, 2247–2254.

Apse, M.P., Aharon, G.S., Snedden, W.A., Blumwald, E., 1999. Overexpression of a vacuolar Na^+/H^+ antiport confers salt tolerance in Arabidopsis. Science 285, 1256–1258.

Aragüés, R., Medina, E.T., Martinez-Cob, A., Faci, J., 2014. Effects of deficit irrigation strategies on soil salinization and soil sodification in a semi-arid drip-irrigated peach orchard. Agric. Water Manag. 142, 1–9.

Aragüés, R., Medina, E.T., Zribi, W., Claveria, I., Alvaro-Fuentes, J., Faci, J., 2015. Soil salinization as a threat to the sustainability of deficit irrigation under present and expected climate change scenarios. Irrig. Sci. 33, 67–79.

Armstrong, W., 1979. Aeration in higher plants. Adv. Bot. Res. 7, 225–332.

Ashenafi, W., Bobe, B., 2016. Studies on soil physical properties of salt affected soil in Amibara Area, Central Rift Valley of Ethiopia. Int. J. Agric. Sci. Nat. Resour. 3 (2), 8–17.

Assouline, S., Ben-Hur, M., 2003. Effects of water application and soil tillage on water and salt regimes in a Vertisol. Soil Sci. Soc. Am. J. 67, 852–858.

Assouline, S., Narkis, K., 2011. Effects of long-term irrigation with treated wastewater on the hydraulic properties of a clayey soil. Water Resour. Res. 47, W08530. https://doi.org/10.1029/2011WR010498.

Assouline, S., Narkis, K., 2013. Effects of long-term irrigation with treated wastewater on the root zone environment. Vadose Zone J. 12, 1–10. https://doi.org/10.2136/vzj2012.0216.

Assouline, S., Shavit, U., 2004. Effects of management policies, including artificial recharge, on salinization in a sloping aquifer: the Israeli Coastal Aquifer case. Water Resour. Res. 40, W04101. https://doi.org/10.1029/2003WR002290.

Assouline, S., Möller, M., Cohen, S., Ben-Hur, M., Grava, A., Narkis, K., Silber, A., 2006. Soil-plant response to pulsed drip irrigation and salinity: bell pepper case study. Soil Sci. Soc. Am. J. 70, 1556–1568.

Assouline, S., Russo, D., Silber, A., Or, D., 2015. Balancing water scarcity and quality for sustainable irrigated agriculture. Water Resour. Res. 51, 3419–3436. https://doi.org/10.1002/2015WR017071.

Assouline, S., Narkis, K., Gherabli, R., Sposito, G., 2016. Combined effect of sodicity and organic matter on soil properties under long-term irrigation with treated wastewater. Vadose Zone J. 15 (4), 1–10. https://doi.org/10.2136/vzj2015.12.0158.

Assouline, S., Kamai, T., Šimůnek, J., Narkis, K., Silber, A., 2020. Mitigating the impact of irrigation with effluent water: mixing with freshwater and/or adjusting irrigation management and design. Water Resour. Res. 56, e2020WR027781. https://doi.org/10.1029/2020WR027781.

Ayars, J.E., Soppe, R.O., 2014. Integrated on-farm drainage management for drainage water disposal. J. Irrig. Drain. 63 (1), 102–111.

Ayars, J.E., Hoffman, G.J., Corwin, D.L., 2012. Chapter 12. Leaching and rootzone salinity control. In: Wallender, W.W., Tanji, K.K. (Eds.), Agricultural Salinity Assessment and Management. ASCE Manuals and Reports on Engineering Practice No. 71. American Society of Civil Engineers, New York, NY, pp. 371–403.

Ayers, R.S., Westcot, D.W., 1985. Water Quality for Agriculture. FAO Irrig. and Drain. Pap. 29, Rev. 1, Food and Agriculture Organization of the United Nations, Rome.

Ayers, J.E., Christen, E.W., Soppe, R.W.O., Meyer, W.S., 2006a. Resource potential of shallow groundwater for crop water use, a review. Irrig. Sci. 24, 147–160.

Ayers, J.E., Christen, E.W., Hornbuckle, J.W., 2006b. Controlled drainage for improved water management in arid regions irrigated agriculture. Agric. Water Manag. 86, 128–136.

Bakshi, G., Trivedi, S., 2011. The Indus Equation. Strategic Forsight Group C-306, Montana, India.

Bali, K., Gill, T., Lentz, D., 2014. Technologies for automation in surface irrigation. In: Proceedings, 2014 California Alfalfa, Forage, and Grain Symposium, Long Beach, CA, 10–12 December, 2014. Available at: https://alfalfa.ucdavis.edu/.

Balks, M.R., Bond, W.J., Smith, C.J., 1998. Effects of sodium accumulation on soil physical properties under and effluent-irrigated plantation. Aust. J. Soil Res. 36, 821–830.

Bandyopadhyay, B.K., Burman, D., Sarangi, S.K., Mandal, S., Bal, A.R., 2009. Land shaping techniques to alleviate salinity and water logging problems of mono-cropped coastal land for multi-crop cultivation. J. Ind. Soc. Coast. Agric. Res. 27, 13–17.

Barker, J.B., Bhatti, S., Heeren, D.M., Neale, C.M.U., Rudnick, D.R., 2019. Variable rate irrigation of maize and soybean in West-Central Nebraska under full and deficit irrigation. Front. Big Data 2. https://doi.org/10.3389/fdata.2019.00034, 34.

Barrett-Lennard, E.G., 2003. The interaction between waterlogging and salinity in higher plants: causes, consequences and implications. Plant Soil 253, 35–54.

Barrett-Lennard, E.G., Anderson, G.C., Holmes, K.W., Sinnott, A., 2016. High soil sodicity and alkalinity cause transient salinity in South-Western Australia. Soil Res. 54, 407–417.

Bar-Tal, A., Fine, P., Yermiyahu, U., Ben-Gal, A., Hass, A., 2015. Practices that simultaneously optimize water and nutrient use efficiency: Israeli experiences in fertigation and irrigation with treated wastewater. In: Drechsel, P., et al. (Eds.), Managing Water and Fertilizer for Sustainable Agricultural Intensification, second ed. International Fertilizer Industry Association (IFA), International Water Management Institute (IWMI), International Plant Nutrition Institute (IPNI), International Potash Institute (IPI), Paris, France, p. 209.

Bazihizina, N., Barrett-Lennard, E.G., Colmer, T.D., 2012. Plant growth and physiology under heterogenous salinity. Plant Soil 354, 1–19.

Beltran, J.M., Koo-Oshima, S., Steduto, P., 2006. Introductory Paper: Desalination of Saline Waters. Water Desalination for Agricultural Applications. Land and Water Discussion Paper 5, FAO, Rome.

Ben-Asher, J., van Dam, J., Feddes, R.A., Jhorar, R.K., 2006. Irrigation of grapevines with saline water. II. Mathematical simulation of vine growth and yield. Agric. Water Manag. 83 (1–2), 22–29.

Ben-Gal, A., 2011. Sustainable water supply for agriculture in Israel. In: Tal, A., Abed Rabbo, A. (Eds.), Water Wisdom: Preparing the Groundwork for Cooperative and Sustainable Water Management in the Middle East. Rutgers University Press, ISBN: 978-0-8135-4771-8, pp. 211–223.

Ben-Gal, A., Ityel, E., Dudley, L., Cohen, S., Yermiyahu, U., Presnov, E., Zigmond, L., Shani, U., 2008. Effect of irrigation water salinity on transpiration and on leaching requirements: a case study for bell peppers. Agric. Water Manag. 95, 587–597. https://doi.org/10.1016/j.agwat.2007.12.008.

Ben-Gal, A., Borochov-Neori, H., Yermiyahu, U., Shani, U., 2009a. Is osmotic potential a more appropriate property than electrical conductivity for evaluating whole-plant response to salinity? Environ. Exp. Bot. 65 (2), 232–237. https://doi.org/10.1016/j.envexpbot.2008.09.006.

Ben-Gal, A., Yermiyahu, U., Cohen, S., 2009b. Fertilization and blending alternatives for irrigation with desalinated water. J. Environ. Qual. 38, 529–536.

Ben-Gal, A., Yermiyahu, U., Dudley, L.M., 2013. Irrigation management under saline conditions. In: MOL 12, The Journal of the Science Society of Galicia, pp. 8–32. http://scg.org.es/MOL_12.pdf.

Bennett, J.M., Raine, S.R., 2012. The soil specific nature of threshold electrolyte concentration analysis. In: Proceedings of the 5th Joint Australian and New Zealand Conference, Hobart, Tasmania, pp. 302–305.

Bernstein, L., 1975. Effects of salinity and sodicity on plant growth. Annu. Rev. Phytopathol. 13, 295–312.

Bernstein, L., Francois, L.E., 1973. Comparisons of drip, furrow and sprinkler irrigation. Soil Sci. 115, 73–86.

Bhutta, M.N., Smedema, L.K., 2007. One hundred years of waterlogging and salinity control in the Indus valley, Pakistan: a historical review. Irrig. Drain. 56, 581–590.

Bolt, G.H., 1997. Soil pH, an early diagnostic tool: its determination and interpretation. In: Yaloon, D.H., Berkowics, S. (Eds.), History of Soil Science: International Perspectives.

Advances in GeoEcology, vol. 29. Catena Verlag, Reiskirchen, Germany, pp. 177–210.

Bordenave, C.D., Rocco, R., Maiale, S.J., Campestre, M.P., Ruiz, O.A., Rodríguez, A.A., Menéndez, A.B., 2019. Chlorophyll a fluorescence analysis reveals divergent photosystem II responses to saline, alkaline and saline–alkaline stresses in the two *Lotus japonicus* model ecotypes MG20 and Gifu-129. Acta Physiol. Plant. 41 (9), 167.

Boursiac, Y., 2005. Early effects of salinity on water transport in Arabidopsis roots. Molecular and cellular features of aquaporin expression. Plant Physiol. 139 (2), 790–805. https://doi.org/10.1104/pp.105.065029.

Bradford, S., Letey, J., 1992. Cyclic and blending strategies for using nonsaline and saline waters for irrigation. Irrig. Sci. 13, 123–128.

Bresler, E., Hoffman, G.J., 1986. Irrigation management for soil salinity control: theories and tests. Soil Sci. Soc. Am. J. 50 (6), 1552–1560. https://doi.org/10.2136/sssaj1986.03615995005000060034x.

Bresler, E., McNeal, B.L., Carter, D.L., 1982. Saline and Sodic Soils. Principles-Dynamics-Modeling. Advanced Series in Agricultural Sciences 10, Springer-Verlag.

Brown, P.H., Shelp, B.J., 1997. Boron mobility in plants. Plant Soil 193, 85–101.

Browne, M., Yardimci, N.T., Scoffoni, C., Jarrahi, M., Sack, L., 2020. Prediction of leaf water potential and relative water content using terahertz radiation spectroscopy. Plant Direct 4 (4), e00197. https://doi.org/10.1002/pld3.197.

Bureau of Reclamation, 2013. Quality of Water—Colorado River Basin Progress Report No. 24. Upper Colorado Region, Salt Lake City, UT.

Burvill, G.H., 1988. The Soils of the Salmon Gums District, Western Australia. Department of Agriculture, Western Australia. Technical Bulletin No. 77, South Perth.

Caccetta, P.A., 1997. Remote Sensing, Geographic Information Systems (Gis) and Bayesian Knowledge-Based Methods for Monitoring Land Condition. https://espace.curtin.edu.au/handle/20.500.11937/868. accessed 1 May 2020.

Cai, X., Sharma, B.R., Matin, M.A., Sharma, D., Gunasinghe, S., 2010. An Assessment of Crop Water Productivity in the Indus and Ganges River Basins: Current Status and Scope for Improvement. IMWI Research Report 140. IWMI, Columbo, p. 30.

California Department of Water Resources, 2016. Salt and Salinity Management. A Resource Management Strategy of the California Water Plan. https://water.ca.gov/-/media/DWR-Website/Web-Pages/Programs/California-Water-Plan/Docs/RMS/2016/18_Salt_Salininty_Mgt_July2016.pdf.

Cardon, G.E., Letey, J., 1992a. Plant water uptake terms evaluated for soil water and solute movement models. Soil Sci. Soc. Am. J. 56 (6), 1876–1880. https://doi.org/10.2136/sssaj1992.03615995005600060038x.

Cardon, G.E., Letey, J., 1992b. A soil-based model for irrigation and soil salinity management. I. Tests of plant water uptake calculations. Soil Sci. Soc. Am. J. 56, 1881–1887.

Carmen Martínez-Ballesta, M., Aparicio, F., Pallás, V., Martínez, V., Carvajal, M., 2003. Influence of saline stress on root hydraulic conductance and PIP expression in Arabidopsis. J. Plant Physiol. 160 (6), 689–697. https://doi.org/10.1078/0176-1617-00861.

Carter, G.A., 1993. Responses of leaf spectral reflectance to plant stress. Am. J. Bot. 80 (3), 239–243. https://doi.org/10.1002/j.1537-2197.1993.tb13796.x.

Carvajal, M., Martínez, V., Alcaraz, C.F., 1999. Physiological function of water channels as affected by salinity in roots of paprika pepper. Physiol. Plant. 105 (1), 95–101. https://doi.org/10.1034/j.1399-3054.1999.105115.x.

Castrignanò, A., Katerji, N., Karam, F., Mastrorilli, M., Hamdy, A., 1998. A modified version of CERES-Maize model for predicting crop response to salinity stress. Ecol. Model. 111 (2), 107–120. https://doi.org/10.1016/S0304-3800(98)00084-2.

Cervilla, L.M., Blasco, B., Ríos, J.J., Romero, L., Ruiz, J.M., 2007. Tomato (*Solanum lycopersicum*) plants subjected to boron toxicity. Ann. Bot. 100, 747–756.

Chaganti, V.N., Crohn, D.M., Šimůnek, J., 2015. Leaching and reclamation of a biochar and compost amended saline-sodic soil with moderate SAR reclaimed water. Agric. Water Manag. 158, 255–265.

Chambers, O., Sesek, A., Razman, R., Tasic, J.F., Trontelj, J., 2018. Fertilizer characterization using optical and electrical impedance methods. Comput. Electron. Agric. 155, 69–75.

Chaneton, E.J., Lavado, R.S., 1996. Soil nutrients and salinity after long-term exclusion in a Flooding Pampa grassland. J. Range Manag. 49, 182–187.

Chaney, N.W., Minasny, B., Herman, J.D., Nauman, T.W., Brungard, C.W., et al., 2019. POLARIS soil properties: 30-m probabilistic maps of soil properties over the contiguous United States. Water Resour. Res. 55 (4), 2916–2938. https://doi.org/10.1029/2018WR022797.

Chang, A.C., Brawer Silva, D. (Eds.), 2014. Salinity and Drainage in San Joaquin Valley, California. Global Issues in Water Policy 5. Springer.

Chaudhari, S.K., Singh, R., Kumar, A., 2010. Suitability of a hydraulic-conductivity model for predicting salt effects on swelling soils. J. Plant Nutr. Soil Sci. 173, 360–367. https://doi.org/10.1002/jpln.200800075.

Chen, W., Hou, Z., Wu, L., Liang, Y., Wei, C., 2010. Effects of salinity and nitrogen on cotton growth in arid environment. Plant Soil 326 (1–2), 61–73.

Che-Othman, M.H., Jacoby, R.P., Millar, A.H., Taylor, N.L., 2020. Wheat mitochondrial respiration shifts from the tricarboxylic acid cycle to the GABA shunt under salt stress. New Phytol. 225, 1166–1180.

Childs, S.W., Hanks, R.J., 1975. Model of soil salinity effects on crop growth. Soil Sci. Soc. Am. J. 39 (4), 617–622. https://doi.org/10.2136/sssaj1975.03615995003900040016x.

Choudhry, M.R., Bhutta, M.N., 2000. Problems impeding the sustainability of drainage systems in Pakistan. In: Proceedings and Recommendations of the National Seminar on Drainage in Pakistan. Organized by the Institute of Irrigation and Drainage Engineering and Mehran University of Engineering and Technology. Jamshoro, Pakistan.

Churchman, G.J., Skjemstad, J.O., Oades, J.M., 1993. Influence of clay minerals and organic matter on effects of sodicity on soils. Aust. J. Soil Res. 31, 779–800.

Coates, R.W., Delwiche, M.J., Broad, A., Holler, M., Evans, R., Oki, L., Dodge, L., 2012. Wireless sensor network for precision irrigation control in horticultural crops. In: Paper 12-1337892 in Proc. 2012 ASABE Annual International Meeting. Dallas, TX., https://doi.org/10.13031/2013.41846.

Cohen, B., Lazarovitch, N., Gilron, J., 2018. Upgrading groundwater for irrigation using monovalent selective electrodialysis. Desalination 431, 126–139.

Colwell, R., 1956. Determining the prevalence of certain cereal crop diseases by means of aerial photography. Hilgardia 26 (5), 223–286.

Contreras, S., Santoni, C.S., Jobbágy, E.G., 2013. Abrupt watercourse formation in a semiarid sedimentary landscape of central Argentina: the roles of forest clearing, rainfall variability and seismic activity. Ecohydrology 6 (5), 794–805.

Coppola, A., Santini, A., Botti, P., Vacca, S., Comegna, V., Severino, G., 2004. Methodological approach for evaluating the response of soil hydrological behaviour to irrigation with treated municipal wastewater. J. Hydrol. 292, 114–134.

Corwin, D.L., 2002. Porous matrix sensors. In: Dane, J.H., Topp, G.C. (Eds.), Methods of Soil Analysis. Part 4. Physical Methods. Soil Science Society of America Inc., Madison, WI, pp. 1269–1275. Chapter 6.1.3.3.

Corwin, D.L., 2020. Climate change impacts on soil salinity in agricultural areas. Eur. J. Soil Sci. 72.

Corwin, D.L., Grattan, S.R., 2018. Are existing irrigation salinity leaching requirement guidelines overly conservative or obsolete? J. Irrig. Drain. Eng. 144 (8), 02518001. https://doi.org/10.1061/(ASCE)IR.1943-4774.0001319.

Corwin, D.L., Yemoto, K., 2017. Salinity: electrical conductivity and total dissolved salts. In: Methods of Soil Analysis. vol. 2. Soil Science Society of America, Madison, WI, pp. 1–16, https://doi.org/10.2136/msa2015.0039.

Corwin, D.L., Rhoades, J.D., Simunek, J., 2007. Leaching requirement for soil salinity control: steady-state versus transient models. Agric. Water Manag. 90, 165–180.

Corwin, D.L., Rhoades, J.D., Simunek, J., 2012. Leaching requirements: steady state versus transient models. In: Agricultural Salinity and Drainage Management, second ed, pp. 801–824. ASCE Manual 71.

Costa, J.L., Aparicio, V.C., 2015. Quality assessment of irrigation water under a combination of rain and irrigation. Agric. Water Manag. 159, 299–306.

Cowan, I.R., 1965. Transport of water in the soil–plant–atmosphere system. J. Appl. Ecol. 2 (1), 221–239. https://doi.org/10.2307/2401706.

Cui, B., Gao, F., Hu, C., Li, Z., Fan, X., Cui, E., 2019. The use of brackish and reclaimed waste water in agriculture: a review. J. Irrig. Drain. 38 (7), 60–68.

Dagar, J.C., Minhas, P.S. (Eds.), 2016. Agroforestry for Management of Waterlogged Saline Soils and Poor-quality Waters. Advances in Agroforestry Series 13, Springer, New Delhi, p. 210.

Dagar, J.M., Khajanchi, L., Singh, G., Toky, O.P., Tanwar, V.S., Dar, S.R., Chauhan, M.K., 2011. Bioremediation to Combat Waterlogging, Increase Farm Productivity and Sequester Carbon in Canal Command Areas of Northwest India. pp. 1673–1680. 2011.

Daliakopoulos, I.N., Tsanis, I.K., Koutroulis, A., Kourgialas, N.N., Varouchakis, A.E., Karatzas, G.P., Ritsema, C.J., 2016. The threat of soil salinity: a European scale review. Sci. Total Environ. 573, 727–739.

Dane, J.H., 1978. Calculation of hydraulic conductivity decreases in the presence of mixed NaCl-CaCl$_2$ solutions. Can. J. Soil Sci. 58, 145–152.

Davies, J., 2017. The business of soil. Nature 543, 309–311.

de Jong van Lier, Q., van Dam, J.C., Metselaar, K., de Jong, R., Duijnisveld, W.H.M., 2008. Macroscopic root water uptake distribution using a matric flux potential approach. Vadose Zone J. 7 (3), 1065. https://doi.org/10.2136/vzj2007.0083.

De Jong van Lier, Q.D., van Dam, J.C., Metselaar, K., 2009. Root water extraction under combined water and osmotic stress. Soil Sci. Soc. Am. J. 73 (3), 862–875. https://doi.org/10.2136/sssaj2008.0157.

de Jong van Lier, Q., van Dam, J.C., Durigon, A., dos Santos, M.A., Metselaar, K., 2013. Modeling water potentials and flows in the soil–plant system comparing hydraulic resistances and transpiration reduction functions. Vadose Zone J. 12 (3), 1–20. https://doi.org/10.2136/vzj2013.02.0039.

de la Cantó, C., Simonin, F.M., King, E., Moulin, L., Bennett, M.J., et al., 2020. An extended root phenotype: the rhizosphere, its formation and impacts on plant fitness. Plant J. 103 (3), 951–964. https://doi.org/10.1111/tpj.14781.

De Louw, P.G.B., 2013. Saline Seepage in Deltaic Areas. Preferential Groundwater Discharge Through Boils and Interactions Between Thin Rainwater Lenses and Upward Saline Seepage. PhD thesis, Vrije Universiteit Amsterdam, p. 198.

De Vos, J.A., Raats, P.A.C., Feddes, R.A., 2002. Chloride transport in a recently reclaimed Dutch polder. J. Hydrol. 257, 59–77.

De Vos, A., Bruning, B., van Straten, G., Oosterbaan, R., Rozema, J., van Bodegom, P., 2016. Crop Salt Tolerance Under Controlled Field Conditions in The Netherlands Based on Trials Conducted at Salt Farm Texel. December 2016, Salt Farm Texel, Den Burg, The Netherlands. https://edepot.wur.nl/409817.

De Waegemaeker, J., 2019. SalFar framework on salinization processes. In: A Comparison of Salinization Processes Across the North Sea Region. A Report by ILVO for the Interreg III North Sea Region Project Saline Farming (SalFar).

de Wit, C.T., 1958. Transpiration and Crop Yields. Wageningen University.

del Mar Alguacil, M., Torrecillas, E., Torres, P., García-Orenes, F., Roldán, A., 2012. Long-term effects of irrigation with waste water on soil fungi diversity and microbial activities: the implications for agro-ecosystem resilience. PLoS One 7 (10), e47680. https://doi.org/10.1371/journal.pone.0047680.

Delsman, J.R., Waterloo, M.J., Groen, M., Groen, K., Stuyfzand, P., 2014. Investigating summer flow paths in a Dutch agricultural field using high frequency direct measuments. J. Hydrol. 519, 3069–3085. https://doi.org/10.1016/j.jhydrol.2014.10.058.

Di Bella, C.E., Rodríguez, A.M., Jacobo, E., Golluscio, R.A., Taboada, M.T., 2015. Impact of cattle grazing on temperate coastal salt marsh soils. Soil Use Manag. 31, 299–307.

Dieleman, P.J. (Ed.), 1963. Reclamation of Salt Affected Soils in Iraq. Intern. Inst. for Land Reclamation and Improvement. Pub. No.11, Wagningen, Netherlands.

Dirksen, C., Augustijn, D.C.M., 1988. Root water uptake function for nonuniform pressure and osmotic potentials. Agron. Abstr., 182.

Dudley, L.M., Shani, U., 2003. Modeling plant response to drought and salt stress. Vadose Zone J. 2 (4), 751–758. https://doi.org/10.2136/vzj2003.7510.

Dudley, M.L., Ben-Gal, A., Lazarovitch, N., 2008a. Drainage water reuse: biological, physical and technological considerations for system management. J. Environ. Qual. 37, S-25-S-35.

Dudley, L., Ben-Gal, A., Shani, U., 2008b. Influence of plant, soil and water properties on the leaching fraction. Vadose Zone J. 7, 420–425. https://doi.org/10.2136/vzj2007.0103.

Dunbabin, V.M., Postma, J.A., Schnepf, A., Pagès, L., Javaux, M., et al., 2013. Modelling root–soil interactions using three–dimensional models of root growth, architecture and function. Plant Soil 372 (1–2), 93–124. https://doi.org/10.1007/s11104-013-1769-y.

Edelman, C.H., Van Staveren, J.M., 1958. Marsh soils in the United States and in the Netherlands. J. Soil Water Conserv. 13, 5–17.

Eeman, S., Leijnse, A., Raats, P.A.C., Van der Zee, S.E.A.T.M., 2011. Analysis of the thickness of a fresh water lens and of the transition zone between this lens and upwelling saline water. Adv. Water Resour. 34, 291–302.

Eeman, S., Van der Zee, S.E.A.T.M., Leijnse, A., De Louw, P.G.B., Maas, C., 2012. Response to recharge variation of thin rainwater lenses and their mixing zone with underlying saline groundwater. Hydrol. Earth Syst. Sci. 16, 3535–3549.

Egamberdieva, D., Renella, G., Wirth, S., Islam, R., 2010. Secondary salinity effects on soil microbial biomass. Biol. Fertil. Soils 46, 445–449.

Egamberdieva, D., Wirth, S., Bellingrath-Kimura, S.D., Mishra, J., Arora, N.K., 2019. Salt-tolerant plant growth promoting rhizobacteria for enhancing crop productivity of saline soils. Front. Microbiol. 10, 1–18. https://doi.org/10.3389/fmicb.2019.02791.

Ehsani, M.R., Upadhyaya, S.K., Slaughter, D., Protsailo, L.V., Fawcett, W.R., 2000. Quantitative measurement of soil nitrate content using mid-infrared diffuse reflectance spectroscopy. In: Paper No. 00-1046, ASAE, St. Joseph, Michigan.

Ekanayake, J.C., Hedley, C.B., 2018. Advances in information provision from wireless sensor networks for irrigated crops. Wirel. Sens. Netw. 2018 (10), 71–92.

El Mowelh, N., 1993. The extent of irrigation and particularly salt-affected soils in Egypt. In: Etat del'Agriculture en Méditerranée. Les sols dans la région méditerranéenne: utilisation, gestion et perspectives d'évolution. CIHEAM, Zaragoza, pp. 155–168. 1993.

Elifantz, H., Kautsky, L., Mor-Yosef, M., Tarchitzky, J., Bar-Tal, A., Chen, Y., Minz, D., 2011. Microbial activity and organic matter dynamics during 4 years of irrigation with treated wastewater. Microb. Ecol. 62, 973–981. https://doi.org/10.1007/s00248-011-9867-y.

Elimelech, M., Phillip, W.A., 2011. The future of seawater desalination: energy, technology, and the environment. Science 333, 712–717. https://doi.org/10.1126/science.1200488.

Erel, R., Eppel, A., Yermiyahu, U., Ben-Gal, A., Levy, G., Zipory, I., Schaumann, G.E., Mayer, O., Dag, A., 2019. Long-term irrigation with reclaimed wastewater: implication on nutrient management, soil chemistry and olive (Olea europaea L.) performance. Agric. Water Manag. 213, 324–335.

Esmaeili, A., Poustini, K., Ahmadi, H., Abbasi, A., 2017. Use of IR thermography in screening wheat (Triticum aestivum L.) cultivars for salt tolerance. Arch. Agron. Soil Sci. 63, 161–170.

Everitt, J.H., Gerbermann, A.H., Cuellar, J.A., 1977. Distinguishing saline from nonsaline rangelands with Skylab imagery. Remote Sens. Earth Resour. 6, 51–65.

Fageria, N.K., Gheyi, H.R., Moreira, A., 2011. Nutrient bioavailability in salt affected soils. J. Plant Nutr. 34, 945–962.

Fahlbusch, H., Schultz, B., Thatte, C.D., 2004. The Indus basin-history of irrigation, drainage and flood management. In: ICID Conference, New Delhi, India.

Fan, Y., Miguez-Macho, G., Jobbágy, E.G., Jackson, R.B., Otero-Casal, C., 2017. Hydrological regulation of plant rooting depth. Proc. Natl. Acad. Sci. U. S. A. 114, 10572–11057. https://doi.org/10.1073/pnas.1712381114.

FAO, 1994. Country Information Brief, Iraq. FAO-Representation in Iraq.

FAO, 2000. Global Network on Integrated Soil Management for Sustainable Use of Salt-affected Soils. Country Specific Salinity Issues—Iraq. FAO, Rome, Italy. Available at http://www.fao.org/ag/agl/agll/spush/degrad.asp?country=iraq.

FAO, 2009. Aquastat: Country Profile Egypt. https://en.wikipedia.org/wiki/FAO.

FAO, 2011. Crops. FAOSTAT. http://faostat.fao.org/site/567/default.aspx#ancor. 12.02.2012.

FAO, 2012. Water Resources, Development and Management Service. 2002. AQUASTAT Information System on Water in Agriculture: Review of Water Resource Statistics by Country. FAO, Rome, Italy. Available at http://www.fao.org/waicent/faoinfo/agricult/agl/aglw/aquastat/water_res/index.htm.

FAO and ITPS, 2015. Status of the World's Soil Resources (SWSR)—Main Report. Food and Agriculture Organization of the United Nations and Intergovernmental Technical Panel on Soils, Rome, Italy. Also: http://www.fao.org/policy-support/resources/resources-details/en/c/435200/.

FAO/IIASA/ISRIC/ISSCAS/JRC, 2012. Harmonized World Soil Database (version 1.2). FAO and IIASA, Rome, Italy and Laxenburg, Austria.

FAO-UNESCO, 1980. Soil Map of the World. UNESCO, Paris.

Farahani, E., Emami, H., Keller, T., 2018. Impact of monovalent cations on soil structure. Part II. Results of two Swiss soils. Int. Agrophys. 32, 69–80.

Feddes, R.A., Raats, P.A.C., 2004. Parameterizing the soil–water–plant root system. In: de Rooij, G.H., van Dam, J.C. (Eds.), Unsaturated Zone Modeling: Progress, Challenges and Applications. Kluwer Academic Publishers, Dordrecht, The Netherlands, pp. 95–144.

Feddes, R.A., Kowalik, P.J., Malinka, K.K., Zaradny, H., 1976. Simulation of field water uptake by plants using a soil water dependent root extraction function. J. Hydrol. 31, 13–26.

Feigin, A., Ravina, I., Shalhevet, J., 1991. Irrigation With Treated Sewage Effluent. Advanced Series in Agricultural Science, vol. 17 Springer-Verlag, Berlin.

Feng, G.L., Meiri, A., Letey, J., 2003. Evaluation of a model for irrigation management under saline conditions. Soil Sci. Soc. Am. J. 67 (1), 71–76.

Feng, Z., Wang, X., Feng, Z., 2005. Soil N and salinity leaching after the autumn irrigation and its impact on groundwater in Hetao Irrigation District, China. Agric. Water Manag. 71, 131–143.

Fernández, M.E., Pissolito, C.I., Passera, C.B., 2018. Water and nitrogen supply effects on four desert shrubs with potential use for rehabilitation activities. Plant Ecol. 219 (7), 789–802.

Foley, J.A., Navin, R., Brauman, K.A., et al., 2011. Solutions for a cultivated planet. Nature 478, 337–342. https://doi.org/10.1038/nature10452.

Foley, J., Greve, A., Huth, N., Silburn, M., 2012. Comparison of soil conductivity measured by ERT and EM38 geophysical methods along irrigated paddock transects on Black Vertosol soils. In: Proceedings of the 16th ASA Conference, 14–18 October 2012, Armidale, Australia.

Fontanet, M., Scudiero, E., Skaggs, T., Fernàndez-Garcia, D., Ferrer, F., Rodrigo, G., Bellvert, J., 2020. Dynamic management zones for irrigation scheduling. Agric. Water Manag. 238, 106207.

Freitas, J.G., Furquim, S.A.C., Aravena, R., Cardoso, E.L., 2019. Interaction between lakes' surface water and groundwater in the Pantanal wetland, Brazil. Environ. Earth Sci. 78, 139. https://doi.org/10.1007/s12665-019-8140-4.

Frenk, S., Hadar, Y., Minz, D., 2013. Resilience of soil bacterial community to irrigation with water of different qualities under Mediterranean climate. Environ. Microbiol., 559–569. https://doi.org/10.1111/1462-2920.12183.

Frenkel, H., Fey, M.V., Levy, G.J., 1992. Organic and inorganic anion effects on reference and soil clay critical flocculation concentration. Soil Sci. Soc. Am. J. 56, 1762–1766.

Frew, A., Alamirew, T., Abegaz, F., 2015. Appraisal and mapping of soil salinity problems in Amibara area of Middle Awash Basin Ethiopia. Int. J. Innov. Sci. Res. 13, 298–314.

Fulton, A., Schwankl, L., Lynn, K., Lampinen, B., Edstrom, J., Prichard, T., 2011. Using EM and VERIS technology to assess land suitability for orchard and vineyard development. Irrig. Sci. 29 (6), 497–512.

Furby, S., Caccetta, P., Wallace, J., 2010. Salinity monitoring in Western Australia using remotely sensed and other spatial data. J. Environ. Qual. 39 (1), 16–25. https://doi.org/10.2134/jeq2009.0036.

Furman, A., Arnon-Zur, A., Assouline, S., 2013. Electrical resistivity tomography of the root zone. In: Anderson, S.H., Hopmans, J.W. (Eds.), Soil-Water-Root Processes: Advances in Tomography and Imaging. Soil Science Society of America Special Publication 61, pp. 223–245.

Gambetta, G.A., Knipfer, T., Fricke, W., McElrone, A.J., 2017. Aquaporins and root water uptake. In: Chaumont, F., Tyerman, S.D. (Eds.), Plant Aquaporins: From Transport to Signaling. Springer International Publishing, Cham, pp. 133–153.

Garcia, P.E., Menéndez, A.N., Podestá, G., Bert, F., Arora, P., Jobbágy, E., 2018. Land use as possible strategy for managing water table depth in flat basins with shallow groundwater. Int. J. River Basin Manag. 16, 79–92. https://doi.org/10.1080/15715124.2017.1378223.

Gardner, W.R., 1960. Dynamic aspects of water availability to plants. Soil Sci. 89 (2), 63–73.

Gaxiola, R.A., Li, J.S., Undurraga, S., Dang, L.M., Allen, G.J., et al., 2001. Drought- and salt-tolerant plants result from overexpression of the AVP1 H^+-pump. Proc. Natl. Acad. Sci. U. S. A. 98, 11444–11449.

Gebremeskel, G., Gebremicael, T.G., Kifle, M., Meresa, E., Gebremedhin, T., Girmay, A., 2018. Salinization pattern and its spatial distribution in the irrigated agriculture of Northern Ethiopia: an integrated approach of quantitative and spatial analysis. Agric. Water Manag. 206, 147–157. https://doi.org/10.1016/j.agwat.2018.05.007.

George, R.J., McFarlane, D.J., Nulsen, R.A., 1997. Salinity threatens the viability of agriculture and ecosystems in Western Australia. Hydrogeology 5, 6–21.

Ghafoor, A., Qadir, M., Murtaza, G., 2004. Salt-Affected Soils: Principles of Management. A Book Published by Allied Book Center, Urdu Bazar, Lahore, p. 304.

Ghassemi, F., Jakeman, A.J., Nix, H.A., 1995. Salinization of Land and Water Resources: Human Causes, Extent, Management and Case Studies. University of New South Wales Press Ltd., Sydney, Australia.

Gheyi, H.R., da Silva Dias, N., Lacerda, C.F. (Eds.), 2016. Manejo da salinidade na agricultura: estudos básicos e aplicados, second ed. INCTSal, Fortaleza.

Gill, B.C., Terry, A.D., 2016. 'Keeping salt on the farm'—evaluation of an on-farm salinity management system in the Shepparton irrigation region of South-East Australia. Agric. Water Manag. 164, 291–303.

Glatzle, A., Reimer, L., Núñez-Cobo, J., Smeenk, A., Musálem, K., Laino, R., 2020. Groundwater dynamics, land cover and salinization in the dry Chaco in Paraguay. Ecohydrol. Hydrobiol. 20, 175–182.

Gleick, P.H., 2000. The changing water paradigm. A look at the twenty-first century water resources development. Water Int. 25, 127–138. International Water Resources Association.

Glinski, J., Stepniewski, W., 1985. Soil Aeration and Its Role for Plants. CRC Press, Boca Raton, FL.

Goap, A., Sharma, D., Shukla, A.K., Krishna, C.R., 2018. An IoT based smart irrigation management system using machine learning and open source technologies. Comput. Electron. Agric. 155, 41–49.

Goldstein, M., Shenker, M., Chefetz, B., 2014. Insights into the uptake processes of wastewater-borne pharmaceuticals by vegetables. Environ. Sci. Technol. 48, 5593–5600.

Gonzales Perea, R., Daccache, A., Rodriguez Diaz, J.A., Camacho Poyato, E., Knox, J.W., 2018. Modelling impacts of precision irrigation on crop yield and in-field water management. Precis. Agric. 19, 497–512. https://doi.org/10.1007/s11119-017-9535-4.

Gorji, T., Sertel, E., Tanik, A., 2017. Monitoring soil salinity via remote sensing technology under datascarce conditions: a case study from Turkey. Ecol. Indic. 74 (2017), 384–391.

Gould, I.J., Wright, I., Collison, M., Ruto, E., Bosworth, G., Pearson, S., 2020. The impact of coastal flooding on agriculture: a case-study of Lincolnshire, United Kingdom. Land Degrad. Dev. 31 (12), 1–15. https://doi.org/10.1002/ldr.3551.

Grant, R.F., 1995. Salinity, water use and yield of maize: testing of the mathematical model ecosys. Plant Soil 172 (2), 309–322. https://doi.org/10.1007/BF00011333.

Grant, S.B., Saphores, J.-D., Feldman, D.L., Hamilton, A.J., Fletcher, T.D., Cook, P.L.M., et al., 2012. Taking the "waste" out of "wastewater" for human water security and ecosystem sustainability. Science 337, 681–686. https://doi.org/10.1126/science.1216852.

Grattan, S.R., Grieve, C.M., 1999. Salinity—Mineral nutrient relations in horticultural crops. Sci. Hortic. 78, 127–157.

Grattan, R.S., Oster, J., 2000. Water Quality Guidelines for Trees and Vines. Drought Tip 92-19. UC ANR. Available at: http://lawr.ucdavis.edu/cooperative-extension/irrigation/drought-tips/water-quality-guidelines-trees-and-vines.

Grattan, S.R., Royo, A., Aragues, R., 1994. Chloride accumulation and partitioning in barley as affected by differential root and foliar salt absorption under saline sprinkler irrigation. Irrig. Sci. 14, 147–155.

Greenway, H., Munns, R., 1980. Mechanisms of salt tolerance in nonhalophytes. Annu. Rev. Plant Physiol. 31, 149–190.

Grieve, C.M., Grattan, S.R., Maas, E.V., 2012. Chapter 13. Plant salt tolerance. In: Wallender, W.W., Tanji, K.K. (Eds.), Agricultural Salinity Assessment and Management. American Assoc. of Civil Engineers, Reston, VA, USA, pp. 405–459. ASCE Manuals and Reports and Engineering Practice No. 71.

Grismer, M.E., Gates, T.K., 1988. Estimating saline water table contributions to crop water use. Calif. Agric. 42 (2), 23–24.

Groenveld, T., Ben-Gal, A., Yermiyahu, U., Lazarovitch, N., 2013. Weather determined relative sensitivity of plants to salinity: quantification and simulation. Vadose Zone J. 12 (4), 1–9. https://doi.org/10.2136/vzj2012.0180.

Grover, M., Ali, S.Z., Sandhya, V., Rasul, A., Venkateswarlu, B., 2011. Role of microorganisms in adaptation of agriculture crops to abiotic stresses. World J. Microbiol. Biotechnol. 27, 1231–1240.

Gupta, R.K., Abrol, I.P., 1990. Salt-affected soils: their reclamation and management for crop production. Adv. Soil Sci. 11, 223–276.

Haj-Amor, Z., Kumar Acharjee, T., Dhaouad, L., Bouri, S., 2020. Impacts of climate change on irrigation water requirement of date palms under future salinity trend in coastal aquifer of Tunisian oasis. Agric. Water Manag. 228, 105843. https://doi.org/10.1016/j.agwat.2019.105843.

Halliwell, D.J., Barlow, K.M., Nash, D.M., 2001. A review of the effects of wastewater sodium on soil physical properties and their implications for irrigation systems. Aust. J. Soil Res. 39, 1259–1267.

Hamilton, A.J., Stagnitti, F., Xiong, X., Kreidl, S.L., Benke, K.K., et al., 2007. Wastewater irrigation: the state of play. Vadose Zone J. 6 (4), 823–840. https://doi.org/10.2136/vzj2007.0026.

Hamza, M.A., Aylmore, L.A.G., 1992. Soil solute concentration and water uptake by single lupin and radish plant roots. Plant Soil 145 (2), 187–196. https://doi.org/10.1007/BF00010347.

Han, W., Yang, Z., Di, L., Mueller, R., 2012. CropScape: a web service based application for exploring and disseminating US conterminous geospatial cropland data products for decision support. Comput. Electron. Agric. 84, 111–123.

Hanson, B.R., May, D.M., 2011. Drip Irrigation Management for Row Crops. DANR Publication 8477.

Hanson, B., Hopmans, J.W., Simunek, J., 2008. Leaching with subsurface drip irrigation under saline, shallow groundwater conditions. Vadose Zone J. 7, 810–818.

Hanson, B.R., May, D.E., Šimůnek, J., Hopmans, J.W., Hutmacher, R.B., 2009. Drip Irrigation increases the profitability of tomatoes in the San Joaquin Valley and may eliminate the need for drainage water disposal. Calif. Agric. 63 (3), 131–136.

Hasegawa, P.M., Bressan, R.A., Zhu, J.K., Bohnert, H.J., 2000. Plant cellular and molecular responses to high salinity. Annu. Rev. Plant Physiol. Plant Mol. Biol. 51, 463–499.

Hatton, T.J., Ruprecht, J., Goerge, R.J., 2003. Preclearing hydrology of the western Australia wheat belt: target for the future? Plant Soil 257, 341–356.

Hendrickx, J.M.H., Wraith, J.M., Corwin, D.L., Kachanoski, R.G., 2002. Miscible displacement. 6.1. Solute content and concentration. In: Dane, J.H., Topp, G.C. (Eds.), Methods of Soil Analysis. Part 4. Physical Methods. Soil Science Society of America, pp. 1253–1321. Book Series 5.

Hengl, T., Mendes de Jesus, J., Heuvelink, G.B.M., Ruiperez Gonzalez, M., Kilibarda, M., et al., 2017. SoilGrids250m: global gridded soil information based on machine learning. PLoS One 12 (2), e0169748. https://doi.org/10.1371/journal.pone.0169748.

Hilgard, E.W., 1886. Irrigation and Alkali in Soils in India. College of Agriculture Bulletin 86. University of California, Berkeley, CA.

Hillel, D., 1992. Out of the Earth. Civilization and the Life of the Soil. University of California Press.

Hillel, D., 2005. Salinity; management. In: Hillel, D., Hatfield, J.H., Powlson, D.S., Rosenzweig, C., Scow, K.M., Singer, M.J., Sparks, D.L. (Eds.), Encyclopedia of Soils in the Environment. vol. 3. Elsevier/Academic Press, pp. 435–442.

Hinnell, A.C., Ferre, T.P.A., Vrugt, J.A., et al., 2010. Improved extraction of hydrologic information from geophysical data through coupled hydrogeophyical inversion. Water Resour. Res. 46, W00D40.

Hoffman, G.J., 1980. Guidelines for reclamation of salt-affected soils. In: Proc. of Inter-American Salinity and Water Mgmt. Tech. Conf., Juarez, Mexico, Dec. 11–12, 1980.

Hoffman, J.G., Shannon, M.C., 2006. Salinity. In: Microirrigation for Crop Production. Elsevier Science, pp. 131–161.

Hoffman, G.J., van Genuchten, M.T., 1983. Soil properties and efficient water use: water management for salinity control. In: Taylor, H.M., Jordan, W.R., Sinclair, T.R. (Eds.), Limitations to Efficient Water Use in Crop Production. American Society of Agronomy, Madison, Wisconsin, pp. 73–85.

Holmes, J.W., 1960. Water balance and watertable in deep sandy soils of the Upper South-East, South Australia. Aust. J. Agric. Res. 11, 970–988.

Holmes, J.W., 1981. Land and stream salinity. In: An International Seminar and Workshop Held in November 1980 in Perth Western Australia. Elsevier.

Homaee, M., 1999. Root Water Uptake Under Non-Uniform Transient Salinity and Water Stress. https://library.wur.nl/WebQuery/wurpubs/61640. accessed 9 April 2020.

Homaee, M., Schmidhalter, U., 2008. Water integration by plants under non-uniform soil salinity. Irrig. Sci. 27, 83–95.

Homaee, M., Dirksen, C., Feddes, R.A., 2002a. Simulation of root water uptake I. Non-uniform transient salinity using different macroscopic reduction functions. Agric. Water Manag. 21, 89–109.

Homaee, M., Feddes, R.A., Dirksen, C., 2002b. A macroscopic water extraction model for nonuniform transient salinity and water stress. Soil Sci. Soc. Am. J. 66 (6), 1764–1772. https://doi.org/10.2136/sssaj2002.1764.

Homaee, M., Feddes, R.A., Dirksen, C., 2002c. Simulation of root water uptake: III. Non-uniform transient combined salinity and water stress. Agric. Water Manag. 57 (2), 127–144. https://doi.org/10.1016/S0378-3774(02)00073-2.

Homaee, M., Feddes, R.A., Dirksen, C., 2002d. Simulation of root water uptake: II. Non-uniform transient water stress using different reduction functions. Agric. Water

Manag. 57 (2), 111–126. https://doi.org/10.1016/S0378-3774(02)00071-9.

Hopmans, J.W., Bristow, K.L., 2002. Current capabilities and future needs of root water and nutrient uptake modeling. Adv. Agron. 77, 104–175.

Hopmans, J.W., Maurer, E.P., 2008. Impact of Climate Change on Irrigation Water Availability, Crop Water Requirements and Soil Salinity in the SJV, CA. UC Water Resources Center Technical Completion Report Project SD011, University of California, Water Resources Center.

Howitt, R.E., Kaplan, J., Larson, D., MacEwan, D., Medellín-Azuara, J., Horner, G., Lee, N.S., 2009. The Economic Impacts of Central Valley Salinity. Final Report to the State Water Resources Control Board. Sacramento (CA): Prepared by: University of California, Davis. Prepared for: State Water Resources Control Board. http://www.waterboards.ca.gov/centralvalley/water_issues/salinity/library_reports_programs/econ_rpt_final.pdf.

Hu, Y., Hackl, H., Schmidhalter, U., 2017. Comparative performance of spectral and thermographic properties of plants and physiological traits for phenotyping salinity tolerance of wheat cultivars under simulated field conditions. Funct. Plant Biol. 44, 134–142.

Huang, R.H., Wei, Y.C., 1962. Improvement of Saline-Alkali Soil. China Industry Press, Beijing.

Hubble, G.D., Isbell, R.F., Northcote, K.H., 1983. Features of Australian soils. In: 'Soils: An Australian Viewpoint'. Division of Soils, CSIRO. CSIRO, Melbourne/Academic Press, London, pp. 17–47.

Huber, K., Vanderborght, J., Javaux, M., Vereecken, H., 2015. Simulating transpiration and leaf water relations in response to heterogeneous soil moisture and different stomatal control mechanisms. Plant Soil 394 (1–2), 109–126. https://doi.org/10.1007/s11104-015-2502-9.

Hussein, H., 2017. Politics of the Dead Sea Canal: a historical review of the evolving discourses, interests, and plans. Water Int. 42 (5), 527–542.

Ibrahim, A.I.R., 2017. Impact of Ethiopian renaissance dam and population on future Egypt water needs. Am. J. Eng. Res. 6 (5), 160–171.

Illangasekare, T., Tyler, S.W., Clement, T.P., et al., 2006. Impacts of the 2004 tsunami on groundwater resources in Sri Lanka. Water Resour. Res. 42, W02501. https://doi.org/10.1029/2006WR004876.

IPBES, 2018. In: Montanarella, L., Scholes, R., Brainich, A. (Eds.), The IPBES Assessment Report on Land Degradation and Restoration. Secretariat of the Intergovernmental Science-Policy Platform on Biodiversity and Ecosystem Services, Bonn, Germany, p. 744.

IPCC, 2019. Climate Change and Land. Special Report on Climate Change, Desertification, Land Degradation, Sustainable Land Management, Food Security, and Greenhouse Gas fluxes in Terrestrial Ecosystem.

Isbell, R.F., 2002. The Australian Soil Classification, revised ed. CSIRO Publishing, Collingwood, Australia.

Isbell, R.F., Reeve, R., Hutton, J.T., 1983. Salt and sodicity. In: 'Soils: An Australian viewpoint'. Division of Soils, CSIRO. CSIRO, Melbourne/Academic Press, London, pp. 107–117.

Ismail, A.M., Horie, T., 2017. Genomics, physiology, and molecular breeding approaches for improving salt tolerance. Annu. Rev. Plant Biol. 68, 405–434.

Israel Water Authority, 2019. Water Consumption Summary Report 2018. http://www.water.gov.il/Hebrew/ProfessionalInfoAndData/Allocation-Consumption-and-production/20183/Intro.pdf. Hebrew.

Ityel, E., Lazarovitch, N., Silberbush, M., Ben-Gal, A., 2012. An artificial capillary barrier to improve root-zone conditions for horticultural crops: response of pepper plants to matric head and irrigation water salinity. Agric. Water Manag. 105, 13–20. https://doi.org/10.1016/j.agwat.2011.12.016.

Ityel, E., Ben-Gal, A., Silberbush, M., Lazarovitch, N., 2014. Increased root zone oxygen by a capillary barrier is beneficial to bell pepper irrigated with brackish water in an arid region. Agric. Water Manag. 131, 108–114.

Ivushkin, K., Bartholomeus, H., Bregt, A.K., Pulatov, A., 2017. Satellite thermography for soil salinity assessment of cropped areas in Uzbekistan. Land Degrad. Dev. 28 (3), 870–877. https://doi.org/10.1002/ldr.2670.

Ivushkin, K., Bartholomeus, H., Bregt, A.K., Pulatov, A., Bui, E.N., et al., 2018. Soil salinity assessment through satellite thermography for different irrigated and rainfed crops. Int. J. Appl. Earth Obs. Geoinf. 68, 230–237. https://doi.org/10.1016/j.jag.2018.02.004.

Ivushkin, K., Bartholomeus, H., Bregt, A.K., Pulatov, A., Kempen, B., et al., 2019. Global mapping of soil salinity change. Remote Sens. Environ. 231, 111260. https://doi.org/10.1016/j.rse.2019.111260.

Iyer, N.J., Tang, Y., Mahalingam, R., 2013. Physiological, biochemical and molecular responses to a combination of drought and ozone in Medicago truncatula. Plant Cell Environ. 36 (3), 706–720. https://doi.org/10.1111/pce.12008.

Jadav, K.L., Wallihan, E.F., Sharpless, R.G., Printy, W.L., 1976. Salinity effects on nitrogen use by wheat cultivar sonar 64. Agron. J. 68, 222–226.

James, R.A., Blake, C., Zwart, A.B., Hare, R.A., Rathjen, A.J., Munns, R., 2012. Impact of ancestral wheat sodium exclusion genes Nax1 and Nax2 on grain yield of durum wheat on saline soils. Funct. Plant Biol. 39, 609–618.

Jarvis, N.J., 1989. A simple empirical model of root water uptake. J. Hydrol. 107 (1), 57–72. https://doi.org/10.1016/0022-1694(89)90050-4.

Jarvis, N.J., 2011. Simple physics-based models of compensatory plant water uptake: concepts and eco-hydrological consequences. Hydrol. Earth Syst. Sci. 15, 3431–3446.

Javaux, M., Schröder, T., Vanderborght, J., Vereecken, H., 2008. Use of a three-dimensional detailed modeling approach for predicting root water uptake. Vadose Zone J. 7 (3), 1079–1088. https://doi.org/10.2136/vzj2007.0115.

Javaux, M., Draye, X., Doussan, C., Vanderborght, J., Vereecken, H., Glinski, J., 2011. Root water uptake: toward 3-D functional approaches. In: Lipiec, J., Horabik, J. (Eds.), Encyclopedia of Agrophysics. Springer Sciences + Business Media BV. 2011.

Javaux, M., Couvreur, V., Vanderborght, J., Vereecken, H., 2013. Root water uptake: from three-dimensional biophysical processes to macroscopic modeling approaches. Vadose Zone J. 12 (4), 1–16. https://doi.org/10.2136/vzj2013.02.0042.

Javot, H., Maurel, C., 2002. The role of aquaporins in root water uptake. Ann. Bot. 90 (3), 301–313. https://doi.org/10.1093/aob/mcf199.

Jayawardane, N.S., Christen, E.W., Arienzo, M., Quayle, W.C., 2011. Evaluation of the effects of cation combinations on soil hydraulic conductivity. Soil Res. 49, 56–64.

Jin, Y., He, R., Marino, G., et al., 2018. Spatially variable evapotranspiration over salt affected pistachio orchards analyzed with satellite remote sensing estimates. Agric. For. Meteorol. 262, 178–191.

Jorda, H., Perelman, A., Lazarovitch, N., Vanderborght, J., 2018. Exploring osmotic stress and differences between soil-root interface and bulk salinities. Vadose Zone J. 17, 170029. https://doi.org/10.2136/vzj2017.01.0029.

Kamphorst, A., Bolt, G.H., 1976. Chapter 9. Saline and sodic soils. In: Bolt, G.H., Bruggenwert, M.G.M. (Eds.), Developments in Soil Science. Volume 5, Part A, Basic Elements, pp. 171–191.

Kamra, S.K., 2015. An overview of sub-surface drainage for management of saline and water-logged soils in India. Water Energy Int. 6 (09), 46–53.

Kan, I., Rapaport-Rom, M., 2012. Regional blending of fresh and saline irrigation water: is it efficient? Water Resour. Res. 48 (7). https://doi.org/10.1029/2011WR011285.

Kaner, A., Tripler, E., Hadas, E., Ben-Gal, A., 2017. Feasibility of desalination as an alternative to irrigation with water high in salts. Desalination 416, 122–128.

Kaus, A., 2020. Climate Adaptive Farming and the Potential of Saline Agriculture: The Salfar Project. pdf on internet, https://regions.regionalstudies.org/ezine/article/climate-adaptive-farming-the....

Kelley, W.P., 1951. Alkali Soils, Their Formation, Properties and Reclamation. Reinhold, New York.

Kelley, R., Nye, R., 1984. Historical perspective on salinity and drainage problems in California. Calif. Agric. 38 (10), 4–6.

Keren, R., 2012. Saline and boron-affected soils. In: Huang, P.M., et al. (Eds.), Handbook of Soil Sciences: Resource Management and Environmental Impacts. CRC Press, Boca Ratón, FL, p. 655. Chapter 17.

Kisekka, I., Oker, T., Nguyen, G., Aguilar, J., Rogers, D., 2017. Revisiting precision mobile drip irrigation under limited water. Irrig. Sci. 35, 483–500.

Kitessa, R.J., Qureshi, A.S., Tesfaye, E.M., 2020. Gender Differentials in the Salt-Affected Areas of Ethiopia. Project Report 3. International Center for Biosaline Agriculture, Dubai, UAE, p. 59, https://doi.org/10.13140/RG.2.2.10588.95361.

Kizito, F., Campbell, C.S., Campbell, G.S., Cobos, D.R., Teare, B.L., Carter, B., Hopmans, J.W., 2008. Frequency, electrical conductivity and temperature analysis of a low-cost capacitance soil moisture sensor. J. Hydrol. 352 (3–4), 367–378.

Koch, A., Meunier, F., Vanderborght, J., Garré, S., Pohlmeier, A., et al., 2019. Functional–structural root-system model validation using a soil MRI experiment. J. Exp. Bot. 70 (10), 2797–2809. https://doi.org/10.1093/jxb/erz060.

Koech, R., Smith, R., Gillies, M., 2010. Automation and control in surface irrigation systems: current status and expected future trends. In: Southern Region Engineering Conference. 11–12 November 2010, Toowoomba, Australia.

Kozlowski, T.T., 1997. Responses of woody plants to flooding and salinity. Tree Physiol. 17, 490.

Kroes, J.G., van Dam, J.C., Groenendijk, P., Hendriks, R.F.A., Jacobs, C.M.J., 2009. SWAP version 3.2. Theory Description and User Manual. Alterra-Report 1649, Update 02, Augustus 2009. Wageningen University Research, Alterra.

Lacerda, C.F., Silva, F.B., Neves, A.L.R., Silva, F.L.B., Gheyi, H.R., Ness, R.L.L., Gomes-Filho, E., 2011. Influence of plant spacing and irrigation water quality on a cowpea-maize cropping system. Int. Res. J. Agric. Sci. & Soil. Sci. 1, 163–167.

Lado, M., Ben-Hur, M., Assouline, S., 2005. Effects of long-term effluent irrigation on seal formation, infiltration and interill erosion. Soil Sci. Soc. Am. J. 69, 1432–1439.

Lado, M., Bar-Tal, A., Azenkot, A., Assouline, S., Ravina, I., Erner, Y., Fine, P., Dasberg, S., Ben-Hur, M., 2012. Changes in chemical properties of semiarid soils under long-term secondary treated wastewater irrigation. Soil Sci. Soc. Am. J. 76, 1358–1369. https://doi.org/10.2136/sssaj2011.0230.

Lai, C.-T., Katul, G., 2000. The dynamic role of root-water uptake in coupling potential to actual transpiration. Adv. Water Resour. 23 (4), 427–439. https://doi.org/10.1016/S0309-1708(99)00023-8.

Lamsal, K., Paudyal, G.N., Saeed, M., 1999. Model for assessing impact of salinity on soil water availability and crop yield. Agric. Water Manag. 41 (1), 57–70. https://doi.org/10.1016/S0378-3774(98)00116-4.

Läuchli, A., Grattan, S.R., 2007. Plant growth and development under salinity stress. In: Jenks, M.A., Hasegawa, P.A., Jain, S.M. (Eds.), Advances in Molecular-Breeding Towards Salinity and Drought Tolerance. Springer-Verlag, pp. 1–31.

Lauchli, A., Grattan, S.R., 2012. Chapter 6. Plant responses to saline and sodic conditions. In: Wallender, W.W., Tanji, K.K. (Eds.), Agricultural Salinity Assessment and Management. ASCE Manuals and Reports on Engineering Practice No. 71. American Society of Civil Engineers, New York, NY, pp. 169–205.

Laurenson, S., Kunhikrishnan, A., Bolan, N.S., Naidu, R., McKay, J., Kereman, G., 2010. Management of recycled water for sustainable production and environmental protection: a case study with Northern Adelaide Plains recycling scheme. Int. J. Environ. Sci. Dev. 1, 176–180.

Leal, L.S.G., Pessoa, L.G.M., Oliveira, J.P., Santos, N.A., Silva, L.F.S., Barros Júnior, G., Freire, M.B.G.S., Souza, E.S., 2019. Do applications of soil conditioner mixtures improve the salt extraction ability of *Atriplex nummularia* at early growth stage? Int. J. Phytoremediat. 21, 1–8. https://doi.org/10.1080/15226514.2019.1678109.

Letey, J., Dinar, A., 1986. Simulated crop-water production functions for several crops when irrigated with saline waters. Hilgardia 54 (1), 1–32.

Letey, J., Hoffman, G.J., Hopmans, J.W., Grattan, S.R., Suarez, D., Corwin, D.L., Oster, J.D., Wu, L., Amrhein, C., 2011. Evaluation of soil salinity leaching requirement guidelines. Agric. Water Manag. 98, 502–506.

Levy, G.J., Assouline, S., 2011. Physical aspects. In: Levy, G.J., et al. (Eds.), Use of Treated Waste Water in Agriculture: Impacts on the Soil Environment and Crops. Wiley-Blackwell Publ, Oxford, UK, p. 306. Chapter 9.

Levy, G.J., Fine, P., Goldstein, D., Azenkot, A., Zilberman, A., Chazan, A., Grinhut, T., 2014. Long term irrigation with treated wastewater (TWW) and soil sodification. Biosyst. Eng. 128, 4–10. https://doi.org/10.1016/j.biosystemseng.2014.05.004.

Li, B., 2010. Soil salinization. In: Desertification and Its Control in China. Springer, Berlin, Heidelberg.

Li, Y., Shi, Y., Li, B., Lu, J., 1993. Monitoring and prognosis of regional water and salt. Geoderma 60, 213–233.

Li, K.Y., De Jong, R., Coe, M.T., Ramankutty, N., 2006. Root-water-uptake based upon a new water stress reduction and an asymptotic root distribution function. Earth Interact. 10 (14), 1–22. https://doi.org/10.1175/EI177.1.

Li, J., Lijie, P.U., Mingfang, H.A.N., Ming, Z.H.U., Runsen, Z.H.A.N.G., Yangzhou, X.I.A.N.G., 2014. Soil salinization research in China: advances and prospects. J. Geogr. Sci. 24 (5), 943–960.

Li, N., Kang, Y., Li, X., Wan, S., 2019. Response of tall fescue to the reclamation of severely saline coastal soil using treated effluent in Bohai Bay. Agric. Water Manag. 218, 203–210.

Libutti, A., Monteleone, M., 2017. Soil vs. groundwater: the quality dilemma. Managing nitrogen leaching and salinity control under irrigated agriculture in Mediterranean conditions. Agric. Water Manag. 186, 40–50.

Licollinet, J., Cattarossi, A., 2015. Reuse of drainage water in Iraq. In: Workshop on Future of Drainage Under Environmental Challenges and Emerging Technologies, 12–15 October, Montpellier, France.

Lindsay, M.P., Lagudah, E.S., Hare, R.A., Munns, R., 2004. A locus for sodium exclusion (*Nax1*), a trait for salt tolerance, mapped in durum wheat. Funct. Plant Biol. 31, 1105–1114.

Lobell, D.B., Ortiz-Monasterio, J.I., Gurrola, F.C., Valenzuela, L., 2007. Identification of saline soils with multiyear remote sensing of crop yields. Soil Sci. Soc. Am. J. 71 (3), 777–783. https://doi.org/10.2136/sssaj2006.0306.

Lobell, D.B., Lesch, S.M., Corwin, D.L., Ulmer, M.G., Anderson, K.A., et al., 2010. Regional-scale assessment of soil salinity in the Red River Valley using multi-year MODIS EVI and NDVI. J. Environ. Qual. 39 (1), 35–41.

Lyu, S., Chen, W., Wen, X., Chang, A.C., 2019. Integration of HYDRUS-1D and MODFLOW for evaluating the dynamics of salts and nitrogen in groundwater under long-term reclaimed water irrigation. Irrig. Sci. 37, 35–47.

Maas, E.V., Grattan, S.R., 1999. Crop yields as affected by salinity. In: Skaggs, R.W., Van Schilfgaarde, J. (Eds.), Agricultural Drainage. Am. Soc. Agron., Crop Sci Soc. Am., Soil Sci. Soc. Am., Madison, WI. Agronomy Monograph 38.

Maas, E.V., Hoffman, G.J., 1977. Crop salt tolerance—current assessment. J. Irrig. Drain. Div. 103 (2), 115–134.

Mahowald, N.M., Randerson, J.T., Lindsay, K., Munoz, E., Doney, S.C., Lawrence, P., Schlunegger, S., Ward, D.S., Lawrence, D., Hoffman, F.M., 2016. Interactions between land use change and carbon cycle feedbacks. Glob. Biogeochem. Cycles 31, 96–113.

Mandal, S., Raju, R., Anil-Kumar, Parveen-Kumar, Sharma, P.C., 2018. Current status of research, technology response and policy needs of salt-affected soils in India—a review. J. Ind. Soc. Coast. Agric. Res. 36 (2), 40–53.

Marchuk, A., Rengasamy, P., 2011. Clay behaviour in suspension is related to the ionicity of clay-cation bonds. Appl. Clay Sci. 53, 754–759.

Marinoni, L., Zabala, J.M., Taleisnik, E.L., Schrauf, G.E., Richard, G.A., Tomas, P.A.,

Giavedoni, J.A., Pensiero, J.F., 2019. Wild halophytic species as forage sources: key aspects for plant breeding. Grass Forage Sci. 74, 321–344.

Marks, B.M., Chambers, L., White, J.R., 2016. Effect of fluctuating salinity on potential denitrification in coastal wetland soil and sediments. Soil Sci. Soc. Am. J. 80, 516–526.

Martre, P., Morillon, R., Barrieu, F., North, G.B., Nobel, P.S., et al., 2002. Plasma membrane aquaporins play a significant role during recovery from water deficit. Plant Physiol. 130 (4), 2101–2110. https://doi.org/10.1104/pp.009019.

Maucieri, C., Zhang, Y., McDaniel, M.D., Borin, M., Adams, M.A., 2017. Short-term effects of biochar and salinity on soil greenhouse gas emissions from a semi-arid Australian soil after re-wetting. Geoderma 307, 267–276.

McArthur, W.M., 1991. Reference Soils of Western Australia. Department of Agriculture, Perth, Western Australia.

McBratney, A., Whelan, B., Ancev, T., Bouma, J., 2005. Future directions of precision agriculture. Precis. Agric. 6, 7–23.

McDonald, G.K., Taylor, J.D., Verbyala, A., Kuchel, H., 2013. Assessing the importance of subsoil constraints to yield of wheat and its implications for yield improvement. Crop Pasture Sci. 63, 1043–1065.

McNeal, B.L., 1968. Prediction of the effect of mixed-salt solutions on soil hydraulic conductivity. SSSAJ 32, 190–193. doi.org/10.2136/sssaj1968.03615995003200020013x.

Meng, L., Zhou, S., Zhang, H., Bi, X., 2016a. Estimating soil salinity in different landscapes of the Yellow River Delta through Landsat OLI/TIRS and ETM+ Data. J. Coast. Conserv. 20, 271–279.

Meng, W., Wang, Z., Hu, B., Wang, Z., Goodman, R.C., 2016b. Heavy metals in soil and plants after long-term sewage irrigation at Tianjin China: a case study assessment. Agric. Water Manag. 171, 153–161.

Metternicht, G.I., Zinck, J.A., 2003. Remote sensing of soil salinity: potentials and constraints. Remote Sens. Environ. 85 (1), 1–20. https://doi.org/10.1016/S0034-4257 (02)00188-8.

Meyers, J., Kisekka, I., Upadhyaya, S., Michelon, G., 2018. Development of an artificial neural network approach for predicting plant water status in almonds. Trans. ASABE 62 (1), 19–32.

Miller, M.R., Brown, P.L., Donovan, J.J., Bergatino, R.N., Sonderegger, J.L., Schmidt, F.A., 1981. Saline seep development and control in the North American Great Plains—hydrogeological aspects. Agric. Water Manag. 4 (1–3), 115–141. https://doi.org/10.1016/0378-3774(81)90047-0.

Minhas, P.S., 1996. Saline water management for irrigation in India. Agric. Water Manag. 30, 1–24.

Minhas, P.S., Gupta, R.K., 1992. Quality of Irrigation Water: Assessment and Management. ICAR Publication Section, Pusa, New Delhi, p. 123.

Minhas, P.S., Gupta, R.K., 1993. Conjunctive use of saline and non-saline waters. I. Response of wheat to initially variable salinity profiles and modes of salinisation. Agric. Water Manag. 23, 125–137.

Minhas, P.S., Samra, J.S., 2003. Quality Assessment of Water Resources in Indo-Gangetic Basin Part in India, Bulletin 1/2003. Central Soil Salinity Research Institute, Karnal, India, p. 68.

Minhas, P.S., Qadir, M., Yadav, R.K., 2019. Groundwater irrigation induced soil sodification and response options. Agric. Water Manag. 215, 74–85.

Minhas, P.S., Ramos, T.B., Ben-Gal, A., Pereira, L.S., 2020a. Coping with salinity in irrigated agriculture: crop evapotranspiration and water management issues. Agric. Water Manag. 227, 1–21. https://doi.org/10.1016/j.agwat.2019.105832.

Minhas, P.S., Yadav, R.K., Bali, A., 2020b. Perspectives on reviving waterlogged and saline soils through plantation forestry. Agric. Water Manag. 232, 106063. https://doi.org/10.1016/j.agwat.2020.106063.

Miranda, M.F., Freire, M.B.G.S., Almeida, B.G., Freire, A.G., Freire, F.J., Pessoa, L.G., 2018. Improvement of degraded physical attributes of a saline-sodic soil as influenced by phytoremediation and soil conditioners. Arch. Agron. Soil Sci. 64, 1–15. https://doi.org/10.1080/03650340.2017.1419195.

Mittler, R., 2006. Abiotic stress, the field environment and stress combination. Trends Plant Sci. 11, 15–19.

Mohamed, E., Abdel-Aziz Belal, A.A., Saleh, A.A., Hendawy, E.A., 2019. The Soils of Egypt. Springer, Cham, pp. 159–174. 2019.

Mondal, A.K., Obi-Reddy, G.P., Ravisankar, T., 2011. Digital database of salt affected soils in India using Geographic Information System. J. Soil Salinity & Water Qual. 3, 16–29.

Mougenot, B., Pouget, M., Epema, G.F., 1993. Remote sensing of salt affected soils. Remote Sens. Rev. 7 (3–4), 241–259. https://doi.org/10.1080/02757259309532180.

Moura, E.S.R., Cosme, C.R., Dias, N.S., Portela, J.C., Souza, A.C.M., 2016. Yield and forage quality of saltbush irrigated with reject brine from desalination plant by reverse osmosis. Rev. Caatinga 29, 1–10.

Mubarak, A.R., Nortcliff, S., 2010. Calcium carbonate solubilization through H-proton release from some legumes grown in calcareous saline-sodic soils. Land Degrad. Dev. 21 (1), 24–31. https://doi.org/10.1002/ldr.962.

Mujeeb-Kazi, A., Munns, R., Rasheed, A., Ogbonnaya, F.C., Ali, N., Hollington, P., Dundas, I., Saeed, N., Wang, R., Rengasamy, P., Saddiq, M.S., de Leon, J.L.D., Ashraf, M., Rajaram, S., 2019. Breeding strategies for structuring salinity tolerance in wheat. Adv. Agron. 155, 121–187.

Munday, T.J., Reilly, N.S., Glover, M., Lawrie, K., Scott, T., Chartres, C.J., Evans, W.R., 2000. Petro physical characterisation of parna using ground and downhole geophysics at Marinna, central New South Wales. Explor. Geophys. 31, 801–819.

Munns, R., 2005. Genes and salt tolerance: bringing them together. New Phytol. 167, 645–663.

Munns, R., Gilliham, M., 2015. Salinity tolerance of crops—what is the cost? New Phytol. 208 (3), 668–673. https://doi.org/10.1111/nph.13519.

Munns, R., James, R.A., 2003. Screening methods for salinity tolerance: a case study with tetraploid wheat. Plant Soil 253, 201–218.

Munns, R., Tester, M., 2008. Mechanisms of salinity tolerance. Annu. Rev. Plant Biol. 59 (1), 651–681. https://doi.org/10.1146/annurev.arplant.59.032607.092911.

Munns, R., Rebetzke, G.J., Husain, S., James, R.A., Hare, R.A., 2003. Genetic control of sodium exclusion in durum wheat. Aust. J. Agric. Res. 54, 627–635.

Munns, R., James, R.A., Xu, B., Athman, A., Conn, S.J., Jordans, C., Byrt, C.S., Hare, R.A., Tyerman, S.D., Tester, M., et al., 2012. Wheat grain yield on saline soils is improved by an ancestral Na$^+$ transporter gene. Nat. Biotechnol. 30, 360–364.

Munns, R., James, R.A., Gilliham, M., Flowers, T.J., Colmer, T.D., 2016. Tissue tolerance: an essential but elusive trait for salt-tolerant crops. Evans review. Funct. Plant Biol. 43, 1103–1113.

Munns, R., Passioura, J.B., Colmer, T.D., Byrt, C.S., 2020a. Osmotic adjustment and energy limitations to plant growth in saline soil. New Phytol. 225, 1091–1096.

Munns, R., Day, D.A., Fricke, W., Watt, M., Arsova, B., et al., 2020b. Energy cost of salt tolerance in crop plants. New Phytol. 225, 1072–1090.

Myers, V.I., Ussery, L.R., Rippert, W.J., 1963. Photogrammetry for detailed detection of drainage and salinity problems. Trans. ASAE 6 (4), 332–334. https://doi.org/10.13031/2013.40907.

Myers, V.I., Carter, D.L., Rippert, W.J., 1966. Remote sensing for estimating soil salinity. J. Irrig. Drain. Div. 92 (4), 59–70.

Nable, R.O., Bañuelos, G.S., Paull, J.G., 1997. Boron toxicity. Plant Soil 193, 181–198.

Nachshon, U., 2018. Cropland soil salinization and associated hydrology: trends, processes, and examples. Water 10, 1030. https://doi.org/10.3390/w10081030.

Naeem, M., Iqbal, N., Shakeel, A., Ul-Allah, S., Hussain, M., Rehman, A., Zafar, Z.U., Athar, H.R., Ashraf, M., 2020. Genetic basis of ion exclusion in salinity stressed wheat: implications in improving crop yield. Plant Growth Regul. 92, 479–496. https://doi.org/10.1007/s10725-020-00659-4.

National Land and Water Resources Audit, 2001. Australian Dryland Salinity Assessment 2000. NLWRA, Commonwealth of Australia, Canberra.

Negrão, S., Schmöckel, S.M., Tester, M., 2017. Evaluating physiological responses of plants to salinity stress. Ann. Bot. 119, 1–11.

Nelson, P.N., Oades, J.M., 1998. Organic matter, sodicity, and soil structure. In: Sumner, M.E., Naidu, R. (Eds.), Sodic Soils. Oxford University Press, New York, NY. Chapter 14.

Nimah, M.N., Hanks, R.J., 1973. Model for estimating soil water, plant, and atmospheric interactions. I. Description and sensitivity. Soil Sci. Soc. Am. Proc. 37, 522–527.

Northcote, K.H., Skene, J.K.M., 1972. Australian Soils With Saline and Sodic Properties. CSIRO Australia Soil Publication No. 27.

Nurmemet, I., Ghulam, A., Tiyip, T., Elkadiri, R., Ding, J.L., Maimaitiyiming, M., Abliz, A., Sawut, M., Zhang, F., Abliz, A., Sun, Q., 2015. Monitoring soil salinization in Keriya River Basin, Northwestern China using passive reflective and active micro-wave remote sensing data. Remote Sens. 7, 8803–8829.

O'Shaughnessy, S.A., Evett, S.R., Colaizaai, P.D., Andrade, M.A., Marek, T.H., Heeren, D.M., Lamm, F.R., LaRue, L., 2019. Identifying advantages and disadvantages of variable rate irrigation: an updated review. Appl. Eng. Agric. 35 (6), 837–852.

Oldeman, L.R., Hakkeling, R.T.A., Sombroek, W.G., 1991. World Map of the Status of Human-Induced Soil Degradation: An Explanatory Note, second. rev. ed. ISRIC, UNEP, Wageningen [etc.].

Omuto, C.T., Vargas, R.R., El Mobarak, A.M., Mohamed, N., Viatkin, K., Yigini, Y., 2020. Mapping of Salt-Affected Soils: Technical Manual. FAO, Rome.

Orton, T.G., Mallawaarachchi, T., Pringle, M.J., Menzies, N.W., Dalal, R.C., Kopittke, P.M., Searle, R., Hochman, Z., Dang, Y.P., 2018. Land Degradation Development. pp. 1–10. https://doi.org/10.1002/ldr.3130.

Oster, J.D., 1984. Leaching for salinity control. Chapter 6. In: Shainberg, I., Shalhevet, J. (Eds.), Soil Salinity Under Irrigation. Springer-Verlag, pp. 176–189. Ecological Studies 51.

Oster, J.D., Sposito, G., 1980. The Gapon coefficient and the exchangeable sodium percentage-sodium adsorption ratio relation. Soil Sci. Soc. Am. J. 44, 258–260.

Oster, J.D., Tanji, K.K., 1985. Chemical reactions within the root zone of arid zone soils. J. Irrig. Drain. Eng. 111, 207–217.

Oster, J., Wichelns, D., 2014. History of irrigation in the SJV, Chapter 2. In: Chang, A., Silva, D.B. (Eds.), Salinity and Drainage in SJV, CA. Springer, pp. 7–46. Global Issues in Water Policy 5. 2014.

Oster, J.D., Quinn, N.W.T., Daigh, A.L.M., Scudiero, E., 2021. Agricultural subsurface drainage water: an unconventional source of water for irrigation. In: Qadir, M., Smakhtin, V., Koo-Oshima, S., Edeltraud, E. (Eds.), Unconventional Water Resources, Springer (Chapter 9).

Pallotta, M., Schnurbusch, T., Hayes, J., Hay, A., Baumann, U., Paull, J., Langridge, P., Sutton, T., 2014. Molecular basis of adaptation to high soil boron in wheat landraces and elite cultivars. Nature 514, 88–91.

Pang, X.P., Letey, J., 1998. Development and evaluation of ENVIRO-GRO, an integrated water, salinity, and nitrogen model. Soil Sci. Soc. Am. J. 62 (5), 1418–1427. https://doi.org/10.2136/sssaj1998.03615995006200050039x.

Passioura, J.B., 2020. Translational research in agriculture. Can we do it better? Crop Pasture Sci. 71 (6), 517–528. doi.org/10.1071/CP20066.

Pedrero, F., Kalavrouziotis, I., Alarcón, J.J., Koukoulakis, P., Asano, T., 2010. Use of treated municipal wastewater in irrigated agriculture. Review of some practices in Spain and Greece. Agric. Water Manag. 97, 1234–1240.

Pedrero, F., Grattan, S.R., Ben-Gal, A., Vivaldi, G.A., 2020. Opportunities for expanding the use of wastewaters for irrigation of olives. Agric. Water Manag. 241, 106333. https://doi.org/10.1016/j.agwat.2020.106333.

Perelman, A., Jorda, H., Vanderborght, J., Lazarovitch, N., 2020. Tracing root-felt sodium concentrations under different transpiration rates and salinity levels. Plant Soil 447 (1), 55–71. https://doi.org/10.1007/s11104-019-03959-5.

Phene, C.J., Sanders, D.C., 1976. High frequency trickle irrigation and row spacing effects on yield and quality of potatoes. Agron. J. 68, 601–607.

Pitman, A.J., Narisma, G.T., 2004. Impact of land cover change on the climate of Southwest Western. Australia. J. Geophys. Res.-Atmos. 109 (D18109). https://doi.org/10.1029/2003JD004347.

Pittaro, G., Caceres, L., Bruno, C., Tomás, A., Bustos, D., Monteoliva, M., Ortega, L., Taleisnik, E., 2016. Salt tolerance variability among stress-selected *Panicum coloratum* cv. Klein plants. Grass Forage Sci. 71 (4), 683–698.

Platten, J.D., Egdane, J., Ismail, A.M., 2013. Salinity tolerance, Na$^+$ exclusion and allele mining of *HKT1;5* in *Oryza sativa* and *O. glaberrima*: many sources, many genes, one mechanism? BMC Plant Biol. 13, 32.

Post, V.E.A., Simmons, C.T., 2009. Free convective controls on sequestration of salts into low-permeability strata: insights from sand tank laboratory experiments and numerical modelling. Hydrogeol. J. 18 (1), 39–54. https://doi.org/10.1007/s10040-009-0521-4.

Post, V.E.A., Groen, J., Kooi, H., Person, M., Ge, S., Edmunds, W.M., 2013. Offshore fresh water reserves as a global phenomenon. Nature 504 (7478), 71–78. https://doi.org/10.1038/nature12858.

Puri, A.N., Keen, B.A., 1925. The dispersion of soil in water under various conditions. J. Agric. Sci. 15, 147–161.

Qadir, M., Schubert, S., 2002. Degradation processes and nutrient constraints in sodic soils. Land Degrad. Dev. 13, 275–294.

Qadir, M., Oster, J.D., Schubert, S., Noble, A.D., Sahrawat, K.L., 2007. Phytoremediation of sodic and saline-sodic soils. Adv. Agron. 96, 197–247.

Qadir, M., Wichelns, D., Raschid-Sally, L., McCornick, P.G., Drechsel, P., Bahri, A., Minhas, P.S., 2010. The challenges of wastewater irrigation in developing countries. Agric. Water Manag. 97, 561–568.

Qadir, M., et al., 2014. Economics of salt-induced land degradation and restoration. Nat. Res. Forum 38 (4), 282–295. https://doi.org/10.1111/1477-8947.12054.

Qin, S., Li, S., Kang, S., Du, T., Tong, L., Ding, R., 2016. Can the drip irrigation under film mulch reduce crop evapotranspiration and save water under the sufficient irrigation condition? Agric. Water Manag. 177, 128–137.

Quirk, J.P., Schofield, R.K., 1955. The effect of electrolyte concentration on soil permeability. Eur. J. Soil Sci. 6, 163–178.

Qureshi, A.S., Al-Falahi, A.A., 2015. Extent, characterization and causes of soil salinity in central and southern Iraq and possible reclamation strategies. Int. J. Eng. Res. Appl. 2248-9622. 5 (1), 84–94.

Qureshi, A.S., Husnain, S.A., 2014. Situation Analysis of the Water Resources of Lahore: Establishing a Case for Water Stewardship. Country Report. World Wide Fund for Nature (WWF), Lahore, Pakistan, p. 52.

Qureshi, A.S., McCornick, P.G., Qadir, M., Aslam, M., 2008. Managing salinity and waterlogging in the Indus Basin of Pakistan. Agric. Water Manag. 95, 1–10.

Qureshi, A.S., Gill, M.A., Sarwar, A., 2010. Sustainable groundwater management in Pakistan: challenges and opportunities. Irrig. Drain. 59 (2), 107–116.

Qureshi, A.S., Waqas, A., Al-Halahi, A.A., 2013. Optimum groundwater table depth and irrigation schedules for controlling salinity in Central Iraq. Irrig. Drain. 62. https://doi.org/10.1002/ird.1746.

Qureshi, A.S., Adballah, A.J., Tombe, L.A., 2018. Farmers' perceptions, practices and proposals for improving agricultural productivity in South Sudan. Afr. J. Agric. Res. 13 (44), 2542–2550. https://doi.org/10.5897/AJAR2018.13525.

Raats, P.A.C., 2015. Salinity management in the coastal region of the Netherlands: a historical perspective. Agric. Water Manag. 157, 12–30.

Ragab, R., 2005. Preface to special issue on advances in integrated management of fresh and saline water for sustainable crop production: modeling and practical solutions. Agric.

Water Manag. 78 (1–2), 1–2.

Ragab, R., Malash, N., Gawad, G.A., Arslan, A., Ghaibeh, A., 2005. A holistic generic integrated approach for irrigation, crop and field management: 1. The SALTMED model and its calibration using field data from Egypt and Syria. Agric. Water Manag. 78, 67–88.

Raij, I., Šimůnek, J., Ben-Gal, A., Lazarovitch, N., 2016. Water flow and multicomponent solute transport in drip irrigated lysimeters. Water Resour. Res. 52, 6557–6574. https://doi.org/10.1002/2016WR018930.

Raij, I., Ben-Gal, A., Lazarovitch, N., 2018. Soil and irrigation heterogeneity effects on drainage amount and concentration in lysimeters: a numerical study. Agric. Water Manag. 195, 1–10.

Raine, S.R., Meyer, W.S., Rassam, D.W., Hutson, J.L., Cook, F.J., 2007. Soil-water and solute movement under precision irrigation: knowledge gaps for managing sustainable root zones. Irrig. Sci. 26, 91–100.

Ramcharan, A., Hengl, T., Nauman, T., Brungard, C., Waltman, S., et al., 2018. Soil property and class maps of the conterminous united states at 100-meter spatial resolution. Soil Sci. Soc. Am. J. 82 (1), 186–201. https://doi.org/10.2136/sssaj2017.04.0122.

Ramos, T.B., Darouich, H., Šimůnek, J., Gonçalves, M.C., Martins, J.C., 2019. Soil salinization in very high-density olive orchards grown in southern Portugal: current risks and possible trends. Agric. Water Manag. 217, 265–281. https://doi.org/10.1016/j.agwat.2019.02.047.

Rana, R.S., 1986. Evaluation and utilisation of traditionally grown cereal cultivars on salt affected areas in India. Indian J. Genet. Plant Breed. 46, 121–135.

Rasul, G., Mahmood, A., Sadiq, A., Khan, S.I., 2012. Vulnerability of the Indus Delta to climate change in Pakistan. Pak. J. Meteorol. 8, 89–107.

Rath, K.M., Maheshwari, A., Rousk, J., 2017. The impact of salinity on the microbial response to drying and rewetting in soil. Soil Biol. Biochem. 108, 17–26.

Raveh, E., Ben-Gal, A., 2016. Irrigation with water containing salts: evidence from a macro-data national case study in Israel. Agric. Water Manag. 170, 176–179.

Raveh, E., Ben-Gal, A., 2018. Leveraging sustainable irrigated agriculture via desalination: evidence from a macro-data case study in Israel. Sustainability 10, 974. https://doi.org/10.3390/su10040974.

Rawlins, S.L., Raats, P.A.C., 1975. Prospects for high frequency irrigation. Science 188, 604–610.

Reisner, M., 1986. Cadillac Desert: The American West and its Disappearing Water. Penguin Books, New York.

Rengasamy, P., 2002. Transient salinity and subsoil constraints to dryland farming in Australian sodic soils: an overview. Aust. J. Exp. Agric. 42, 351–361.

Rengasamy, P., 2006a. World salinization with emphasis on Australia. J. Exp. Bot. 57 (5), 1017–1023. https://doi.org/10.1093/jxb/erj108.

Rengasamy, P., 2006b. Salt-Affected Soils in Australia. Grains Research and Development Corporation, Australia. www.grdc.com.au/bookshop.

Rengasamy, P., 2018. Irrigation water quality and soil structural stability: a perspective with some new insights. Agronomy 8, 72. https://doi.org/10.3390/agronomy8050072.

Rengasamy, P., Sumner, M.E., 1998. Processes involved in sodic behaviour. In: Sumner, M.E., Naidu, R. (Eds.), Sodic Soils: Distribution, Management and Environmental Consequences. Oxford University Press, New York, NY, USA, pp. 35–50.

Rengasamy, P., Tavakkoli, E., McDonald, G.K., 2016. Exchangeable cations and clay dispersion: net dispersive charge, a new concept for dispersive soil. Eur. J. Soil Sci. 67, 659–665.

Rewald, B., Shelef, O., Ephrath, J.E., Rachmilevitch, S., 2013. Adaptive plasticity of salt-stressed root systems. Chapter 6. In: Ahmad, P., Azooz, M.M., Prasad, M.N.V. (Eds.), Ecophysiology and Responses of Plants Under Salt Stress. Springer, New York, USA, pp. 169–202, https://doi.org/10.1007/978-1-4614-4747-4_6.

Rhoades, J.D., 1982. Soluble salts. In: Page, A.C., et al. (Eds.), Methods of Soil Analysis. Am.

Soc. Akron., Madison, WI, pp. 167–179. Agron. Monogr. No. 9.

Rhoades, J.D., 1999. Use of saline drainage water for irrigation. In: Agricultural Drainage. American Society of Agronomy, Madison, WI, pp. 615–657.

Rhoades, J.D., Raats, P.A.C., Prather, R.J., 1976. Effects of liquid-phase electrical conductivity, water content, and surface conductivity on bulk soil electrical conductivity 1. Soil Sci. Soc. Am. J. 40 (5), 651–655.

Rhoades, J.D., Kandiah, A., Mashali, A.M., 1992. The use of saline waters for crop production. In: FAO Irrigation & Drainage Paper 48. FAO, Rome, Italy, p. 133.

Ribichich, K.F., Arce, A.L., Chan, R.l., 2013. Coping with drought and salinity stresses: role of transcription factors in crop improvement. In: Tuteja, N., Gill, S.S. (Eds.), Climate Change and Plant Abiotic Stress Tolerance. Wiley-Blackwell, NY, pp. 641–684.

Richards, L.A., 1966. A soil salinity sensor of improved design. Soil Sci. Soc. Am. Proc. 30, 333–337.

Richards, R.A., Dennett, C.W., Qualset, C.O., Epstein, E., Norlyn, J.D., Winslow, M.D., 1987. Variation in yield of grain and biomass in wheat, barley, and triticale in a salt-affected field. Field Crop Res. 15, 277–287.

Riley, D., Barber, S.A., 1970. Salt accumulation at the soybean (glycine Max. (L.) Merr.) root-soil interface. Soil Sci. Soc. Am. J. 34 (1), 154–155. https://doi.org/10.2136/sssaj1970.03615995003400010042x.

Ritzema, H.P., 2016. Drain for gain: managing salinity in irrigated lands—a review. Agric. Water Manag. 176, 18–28.

Roberts, T.L., Lazarovitch, N., Warrick, A.W., Thompson, T.L., 2009. Modeling salt accumulation with subsurface drip irrigation using HYDRUS-2D. Soil Sci. Soc. Am. J. 73 (1), 233–240. https://doi.org/10.2136/sssaj2008.0033.

Robinson, D.A., Campbell, C.S., Hopmans, J.W., Hornbuckle, B.K., Jones, S.B., Knight, R., Ogden, F., Selker, W.O., 2008. Soil moisture measurement for ecological and hydrological watershed-scale observatories: a review. Vadose Zone J. 7, 358–389. https://doi.org/10.2136/vzj2007.0143.

Rogers, M.E., Craig, A.D., Munns, R., Colmer, T.D., Nichols, P.G.H., et al., 2005. The potential for developing fodder plants for the salt-affected areas of southern and eastern Australia: an overview. Aust. J. Exp. Agric. 45, 301–329.

Rollins, J.A., Habte, E., Templer, S.E., Colby, T., Schmidt, J., et al., 2013. Leaf proteome alterations in the context of physiological and morphological responses to drought and heat stress in barley (Hordeum vulgare L.). J. Exp. Bot. 64 (11), 3201–3212. https://doi.org/10.1093/jxb/ert158.

Roy, S.J., Negrão, S., Tester, M., 2014. Salt resistant crop plants. Curr. Opin. Biotechnol. 26, 115–124.

Russo, D., 1988. Numerical analysis of nonsteady transport of interacting solutes through unsaturated soil: I. Homogeneous systems. Water Resour. Res. 24, 271–284.

Russo, D., 2013. Consequences of salinity-induced time-dependent soil hydraulic properties on flow and transport in salt-affected soils. Procedia Environ. Sci. 19, 623–632.

Russo, D., Bresler, E., 1977a. Effect of mixed Na-Ca solutions on the hydraulic properties of unsaturated soils. Soil Sci. Soc. Am. J. 41, 714–717.

Russo, D., Bresler, E., 1977b. Analysis of the saturated-unsaturated hydraulic conductivity in a mixed Na-Ca soil system. Soil Sci. Soc. Am. J. 41, 706–710.

Russo, D., Zaidel, J., Laufer, A., 2004. Numerical analysis of transport of interacting solutes in a three-dimensional unsaturated heterogeneous soil. Vadose Zone J. 3, 1286–1299.

Russo, D., Laufer, A., Silber, A., Assouline, S., 2009. Water uptake, active root volume and solute leaching under drip irrigation: a numerical study. Water Resour. Res. 45, W12413. https://doi.org/10.1029/2009WR008015.

Russo, D., Laufer, A., Bardhan, G., Levy, G.J., 2015. Salinity control in a clay soil beneath an orchard irrigated with treated waste water in the presence of a shallow water table: a numerical study. J. Hydrol. 531, 198–213.

Saade, S., Maurer, A., Shahid, M., Oakey, H., Schmöckel, S.M., Negrão, S., Pillen, K., Tester, M., 2016. Yield-related salinity tolerance traits identified in a nested association mapping (NAM) population of wild barley. Sci. Rep. 6, 32586. https://doi.org/10.1038/srep32586.

Sabo, J.L., Sinha, T., Bowling, L.C., Schoups, G.H.W., Wallender, W.W., Campanas, M.E., Cherkauer, K.A., Fuller, P., Graf, W.L., Hopmans, J.W., Kominoski, J.S., Taylor, C., Trimble, S.W., Webb, R.H., Wohl, E.E., 2010. Reclaiming sustainability in the Cadillac Desert. PNAS 107 (50), 21263–21270. www.pnas.org/cgi/doi/10.1073/pnas.1009734108.

Saline Futures, 2019. Book of Abstracts for the Conference Saline Futures, Addressing Climate Change and Food Security, Held 10-13 September at Leeuwarden, The Netherlands., p. 142. www.waddenacademienl/salinefutures.

Santos, M.M.S., Lacerda, C.F., Neves, A.L.R., Sousa, C.H.C., Ribeiro, A.A., Bezerra, M.A., Araújo, I.C.S., Gheyi, H.R., 2020. Ecophysiology of the tall coconut growing under different coastal areas of northeastern Brazil. Agric. Water Manag. 232. https://doi.org/10.1016/j.agwat.2020.106047.

Scheierling, S.M., Bartone, C., Mara, D.D., Drechsel, P., 2010. Improving wastewater use in agriculture: an emerging priority. In: Policy Research Working Paper 5412. The World Bank, Water Anchor, Energy, Transport, and Water Department.

Schilling, R.K., Marschner, P., Shavrukov, Y., Berger, B., Tester, M., Roy, S.J., Plett, D.C., 2014. Expression of the Arabidopsis vacuolar H^+-pyrophosphatase gene (AVP1) improves the shoot biomass of transgenic barley and increases grain yield in a saline field. Plant Biotechnol. J. 12, 378–386.

Schneider, A.D., Howell, T.A., Evett, S.R., 2001. Comparison of SDI, LEPA, and Spray Irrigation Efficiency. ASAE Paper No. 01-2019. ASAE, St. Joseph, MI, p. 12.

Schofield, R.K., 1947. A ratio law governing the equilibrium of cations in soil solutions. In: Proceedings 11th International Congress of Pure and Applied Chemistry 3, pp. 257–261.

Schoups, G.H., Hopmans, J.W., Young, C.A., Vrugt, J.A., Wallender, W.W., Tanji, K.T., Pandy, S., 2005. Sustainability of irrigated agriculture in the San Joaquin Valley, California. PNAS 102, 15352–15356.

Schoups, G., Hopmans, J.W., Tanji, K.K., 2006. Evaluation of model complexity and space-time resolution on the prediction of long-term soil salinity dynamics. Hydrol. Process. 20, 2647–2668.

Schröder, N., Lazarovitch, N., Vanderborght, J., Vereecken, H., Javaux, M., 2014. Linking transpiration reduction to rhizosphere salinity using a 3D coupled soil-plant model. Plant Soil 377 (1–2), 277–293. https://doi.org/10.1007/s11104-013-1990-8.

Scudiero, E., Skaggs, T.H., Corwin, D.L., 2014. Regional scale soil salinity evaluation using Landsat 7, western San Joaquin Valley, California, USA. Geoderma Reg. 2–3, 82–90. https://doi.org/10.1016/j.geodrs.2014.10.004.

Scudiero, E., Skaggs, T.H., Corwin, D.L., 2015. Regional-scale soil salinity assessment using Landsat ETM+ canopy reflectance. Remote Sens. Environ. 169, 335–343. https://doi.org/10.1016/j.rse.2015.08.026.

Scudiero, E., Corwin, D.L., Anderson, R.G., Skaggs, T.H., 2016. Moving forward on remote sensing of soil salinity at regional scale. Front. Environ. Sci. 4 (65). https://doi.org/10.3389/fenvs.2016.00065.

Scudiero, E., Corwin, D.L., Anderson, R.G., Yemoto, K., Clary, W., Wang, Z., Skaggs, T.H., 2017. Remote sensing is a viable tool for mapping soil salinity in agricultural lands. Calif. Agric. 71 (4), 231–238. https://doi.org/10.3733/ca.2017a0009.

Segal, E., Dag, A., Ben-Gal, A., Zipori, I., Erel, R., Suryanob, S., Yermiyahu, U., 2011. Olive orchard irrigation with reclaimed wastewater: agronomic and environmental considerations. Agric. Ecosyst. Environ. 140, 454–461.

Setter, T.L., Waters, I., Stefanova, K., Munns, R., Barrett-Lennard, E.G., 2016. Salt tolerance, date of flowering and rain affect the productivity of wheat and barley on rainfed saline land. Field Crop Res. 194 (1), 31–42.

Sevostianova, E., Deb, S., Serena, M., VanLeeuwen, D., Leinauer, B., 2015. Accuracy of two electromagnetic soil water content sensors in saline soils. Soil Sci. Soc. Am. J. 79,

1752–1759.

Shabala, S., Chen, G., Chen, Z.H., Pottosin, I., 2020. The energy cost of the tonoplast futile sodium leak. New Phytol. 225, 1105–1110.

Shah, A.H., Gill, A.H., Syed, N.I., 2011. Sustainable salinity management for combating desertification in Pakistan. Int. J. Water Resour. Arid Environ. 1 (5), 312–317.

Shahid, S.A., Dakheel, A.H., Mufti, K.A., Shabbir, G., 2009. Automated In-Situ soil salinity logging in irrigated agriculture. Eur. J. Sci. Res. 26 (2), 288–297.

Shahid, S.A., Zaman, M., Heng, L., 2018. Soil salinity: historical perspectives and a world overview of the problem. In: Zaman, M., Shahid, S.A., Heng, L. (Eds.), Guideline for Salinity Assessment, Mitigation and Adaptation Using Nuclear and Related Techniques. Springer International Publishing, Cham, pp. 43–53, https://doi.org/10.1007/978-3-319-96190-3_2.

Shainberg, I., Letey, J., 1984. Response of soils to sodic and saline conditions. Hilgardia 52, 1–57.

Shainberg, I., Shalhevet, J. (Eds.), 1984. Soil Salinity Under Irrigation. Ecological Studies 51, Springer-Verlag, New York, NY, p. 349.

Shani, U., Ben-Gal, A., 2005. Long-term response of grapevines to salinity: osmotic effects and ion toxicity. Am. J. Enol. Vitic. 56 (2), 148–154.

Shani, U., Dudley, L.M., 2001. Field studies of crop response to water and salt stress. Soil Sci. Soc. Am. J. 65 (5), 1522–1528.

Shani, U., Ben-Gal, A., Tripler, E., Dudley, L.M., 2007. Plant response to the soil environment: an analytical model integrating yield, water, soil type, and salinity. Water Resour. Res. 43, W08418. https://doi.org/10.1029/2006WR005313.

Shavrukov, Y., 2013. Salt stress or salt shock: which genes are we studying? J. Exp. Bot. 64, 119–127. https://doi.org/10.1093/jxb/ers316.

Shaw, R.J., Coughlan, K.J., Bell, L.C., 1998. Root zone sodicity. In: Sumner, M.E., Naidu, R. (Eds.), 'Sodic Soils: Distribution, Processes, Management and Environmental Consequences. Oxford University Press, New York, pp. 95–106.

Sheldon, A.R., Dalal, R.C., Kirchhof, G., Kopittke, P.M., Menzies, N.W., 2017. The effect of salinity on plant-available water. Plant Soil 418 (1), 477–491. https://doi.org/10.1007/s11104-017-3309-7.

Sherien, A., Zelenáková, M.Z., Mésároš, P., Purcz, P., Abd-Elhamid, H., 2019. Assessing the potential impacts of the grand Ethiopian renaissance dam on water resources and soil salinity in the Nile Delta, Egypt. Sustainability 2019 (11), 7050. https://doi.org/10.3390/su11247050.

Shi, Y.C., 1986. Improvement of Saline-Alkali Soil-Diagnosis, Management and Improvement. Agriculture Press, Beijing.

Shi, Y.C., 2003. Comprehensive reclamation of salt-affected soils in China's Huang-Huai-Hai Plain. J. Crop. Prod. 7 (1–2), 163–179.

Shi, H., Ishitani, M., Kim, C., Zhu, J.K., 2000. The Arabidopsis thaliana salt tolerance gene SOS1 encodes a putative Na^+/H^+ antiporter. Proc. Natl Acad. Sci. USA 97, 6896–6901.

Shi, P., Gu, W., Wang, J., Wang, X., Liu, X., Li, P., 2010. Development of technology for sea ice desalination and utilization of sea ice resources. Resour. Sci. 32, 394–404.

Shrivastava, P., Kuman, R., 2015. Soil salinity: a serious environmental issue and plant growth promoting bacteria as one of the tools for its alleviation. Saudi J. Biol. Sci. 22 (2), 123–131.

Shuval, H., Adin, A., Fattal, B., Rawitz, E., Yekutiel, P., 1986. Wastewater Irrigation in Developing Countries: Health Effects and Technical Solutions. World Bank Technical Paper number 51, World Bank, Washington, DC.

Sidi-Boulenouar, R., Cardoso, M., Coillot, C., Rousset, S., Nativel, E., et al., 2019. Multiscale NMR investigations of two anatomically contrasted genotypes of sorghum under watered conditions and during drought stress. Magn. Reson. Chem. 57 (9), 749–756. https://doi.org/10.1002/mrc.4905.

Siegel, S.M., 2015. Let There Be Water. Israel's Solution for a Water-Starved World.

MacMillan, p. 366.

Silber, A., Israeli, Y., Elingold, I., Levi, M., Levkovitch, I., Russo, D., Assouline, S., 2015. Irrigation with desalinated water: a step toward increasing water saving and crop yields. Water Resour. Res. 51, 450–464. https://doi.org/10.1002/2014WR016398.

Simha, B.K., Singh, N.T., 1976. Chloride accumulation near corn roots under different transpiration, soil moisture and soil salinity regime. Agron. J. 68, 346–348.

Simunek, J., Hopmans, J.W., 2009. Modeling compensated root water and nutrient uptake. Ecol. Model. 120, 505–521. https://doi.org/10.1016/j.ecolmodel.2008.11.004.

Simunek, J., Suarez, D.L., Sejna, M., 1996. The UNSATCHEM Software Package for Simulating One-Dimensional Variably Saturated Water Flow, Heat Transport, Carbon Dioxide Production and Transport, and Multi-Component Solute Transport With Major Ion Equilibrium and Kinetic Chemistry. US Salinity Laboratory. Research Report No. 141.

Simunek, J., Sejna, M., van Genuchten, M.T., 1999. The HYDRUS-2D Software Package for Simulating Two-Dimensional Movement of Water, Heat, and Multiple Solutes in Variably Saturated Media, Version 2.0, Rep. IGWMC-TPS-53. Int. Ground Water Modeling Cent., Colo. Sch. of Mines, Golden, Colo, p. 251.

Šimůnek, J., Jacques, D., van Genuchten, M.T., Mallants, D., 2006. Multicomponent geochemical transport modeling using the HYDRUS computer software packages. J. Am. Water Resour. Assoc. 42 (6), 1537–1547.

Simunek, J., Van Genuchten, M.T., Sejna, M., 2016. Recent developments and applications of the HYDRUS computer software packages. Vadose Zone J. 15 (7), 25. https://doi.org/10.2136/vzj2016.04.0033.

Singh, N.T., 2005. Irrigation and Soil Salinity in the Indian subcontinent: Past and Present. Lehigh University Press, Bethlehem, USA, p. 404.

Singh, R.K., Krishnamurthy, S.L., Gautam, R.K., 2021. Breeding approaches to develop rice varieties for salt-affected soils. In: Minhas, P.S., Yadav, R.K., Sharma, P.C. (Eds.), Managing Salt-affected Soils for Sustainable Agriculture. ICAR-DKMA, New Delhi, pp. 227–251.

Skaggs, T.H., van Genuchten, M.T., Shouse, P.J., Poss, J.A., 2006a. Macroscopic approaches to root water uptake as a function of water and salinity stress. Agric. Water Manag. 86 (1–2), 140–149. https://doi.org/10.1016/j.agwat.2006.06.005.

Skaggs, T.H., Shouse, P.J., Poss, J.A., 2006b. Irrigating forage crops with saline waters. 2: modeling root uptake and drainage. Vadose Zone J. 5, 824–837.

Smith, R.J., Baillie, J.N., 2009. Defining precision irrigation: a new approach to irrigation management. In: Irrigation Australia 2009: Irrigation Australia Irrigation and Drainage Conference: Irrigation Today—Meeting the Challenge, 18–21 Oct 2009, Swan Hill, Australia.

Smith, T.E., Grattan, S.R., Grieve, C.M., Poss, J.A., Läuchli, A.E., Suarez, D.L., 2013. pH dependent salinity-boron interactions impact yield, biomass, evapotranspiration and boron uptake in broccoli (Brassica oleracea L.). Plant Soil 370, 541–554.

Smith, C.J., Oster, J.D., Sposito, G., 2015. Potassium and magnesium in irrigation water quality assessment. Agric. Water Manag. 157, 59–64. https://doi.org/10.1016/j.agwat.2014.09.003.

Sonmez, S., Buyuktas, D., Asri, F.O., Citak, S., 2008. Assessment of different soil to water ratios (1:1, 1:2.5, 1:5) in soil salinity studies. Geoderma 144, 361–369.

Sonneveld, C., 2000. Effects of salinity on substrate grown vegetables and ornamentals in greenhouse horticulture. PhD thesis in Wageningen University, p. 150. Digital version from 2004 can be downloaded from internet.

Sonneveld, C., Voogt, W., 2009. Plant Nutrition of Greenhouse Crops. Springer, XV, ISBN: 978-90-481-2532-6, p. 431.

Spencer, T., Brooks, S.M., Evans, B.R., Tempest, J.A., Möller, I., 2015. Southern North Sea storm surge event of 5 December 2013: water levels, waves and coastal impacts. Earth-Sci. Rev. 146, 120–145.

Sperling, O., Shapira, O., Tripler, E., Schwartz, A., Lazarovitch, N., 2014. A model for computing date palm water requirements as affected by salinity. Irrig. Sci. 32, 341–350. https://doi.org/10.1007/s00271-014-0433-5.

Sposito, G., 2016. The Chemistry of Soils, third ed. Oxford University Press, New York.

Sposito, G., Oster, J.D., Smith, C.J., Assouline, S., 2016. Assessing soil permeability impacts from irrigation with marginal-quality waters. CAB Rev. 11 (015), 1–7. https://doi.org/10.1079/PAVSNNR201611015.

State Water Resources Control Board, 2004. A Landowner's Manual Managing Agricultural Irrigation Drainage Water: A Guide for developing Integrated On-Farm Drainage Management Systems. Westside Resource Conservation District and the Center for Irrigation Technology.

Steppuhn, H., van Genuchten, M.T., Grieve, C.M., 2005a. Root-zone salinity: I. Selecting a product yield index and response function for crop salt tolerance. Crop Sci. 45, 209–220.

Steppuhn, H., van Genuchten, M.T., Grieve, C.M., 2005b. Root-zone salinity: II. Indices for tolerance in agricultural crops. Crop. Sci. 45, 221–232.

Stuyt, L.C.P.M., Blom-Zandstra, M., Kselik, R.A.L., 2016. Inventarisatie en analyse zouttolerantie van landbouwgewassen op basis van bestaande gegevens. (=Inventory and analysis of salt field crops based of existing data) Wageningen.

Suarez, D.L., 1981. Relation between pHc and sodium adsorption ratio (SAR) and an alternative method of estimating SAR of soil and drainage waters. Soil Sci. Soc. Am. J. 45 (3), 469–475.

Suarez, D.L., Jurinak, J.J., 2012. Chapter 3, The chemistry of salt-affected soils and waters. In: Wallender, W.W., Tanji, K.K. (Eds.), Agricultural Salinity Assessment and Management. ASCE Manuals and Reports on Engineering Practice No. 71. American Society of Civil Engineers, New York, NY, pp. 57–88.

Suarez, D.L., Simunek, J., 1997. UNSATCHEM: unsaturated water and solute transport model with equilibrium and kinetic chemistry. Soil Sci. Soc. Am. J. 61, 163.

Sumner, M.E., Naidu, R. (Eds.), 1998. Sodic Soils. Oxford University Press, New York, NY, p. 207.

Sun, Z., Dong, X., Wang, X., Zheng, D., Dong, L., Liu, Z., 2014. Effect of saline drip irrigation to soil water and salt distribution and cotton yield in Northern Shandong Plain. Agric. Res. Arid Areas. 32 (5), 12–17.

Sun, C., Gao, X., Fu, J., Zhou, J., Wu, X., 2015. Metabolic response of maize (Zea mays L.) plants to combined drought and salt stress. Plant Soil 388 (1), 99–117. https://doi.org/10.1007/s11104-014-2309-0.

Suzuki, N., Rivero, R.M., Shulaev, V., Blumwald, E., Mittler, R., 2014. Abiotic and biotic stress combinations. New Phytol. 203 (1), 32–43. https://doi.org/10.1111/nph.12797.

Szabolics, I., 1989. Salt-Affected Soils. CRC Press, Boca Raton, FL, p. 274.

Szabolics, I., 1990. Chapter 6 Impact of climatic change on soil attributes: influence on salinization and alkalinization. In: Developments in Soil Science. Elsevier, pp. 61–90.

Taghizadeh-Mehrjardi, R., Minasny, B., Sarmadian, F., Malone, B.P., 2014. Digital mapping of soil salinity in Ardakan region, central Iran. Geoderma 213, 15–28. https://doi.org/10.1016/j.geoderma.2013.07.020.

Takano, J., Miwa, K., Fujiwara, T., 2008. Boron transport mechanisms: collaboration of channels and transporters. Trends Plant Sci. 13, 451–457.

Tal, A., 2006. Seeking sustainability: Israel's evolving water management strategy. Science 313, 1081–1084.

Tal, A., 2016. Rethinking the sustainability of Israel's irrigation practices in the Drylands. Water Res. 90, 387–394.

Taleisnik, E., Lavado, R.S. (Eds.), 2017. Ambientes salinos y alcalinos en la Argentina. Recursos y aprovechamiento productivo. Orientación Gráfica Editora and Universidad Católica de Córdoba, Buenos Aires.

Taleisnik, E., Lavado, R.S. (Eds.), 2020. Saline and Alkaline Soils in Latin America: Natural Resources, Management and Productive Alternatives. Springer Nature, p. 456.

Taleisnik, E., Grunberg, K., Santa María, G. (Eds.), 2008. La salinización de suelos en la

Argentina: su impacto en la producción agropecuaria. Editorial Universidad Católica de Córdoba, Córdoba.

Taleisnik, E., Rodríguez, A.A., Bustos, D., Erdei, L., Ortega, L., Senn, M.E., 2009. Leaf expansion in grasses under salt stress. J. Plant Physiol. 166 (11), 1123–1140.

Tanji, K.K. (Ed.), 1990. Agricultural Salinity Assessment and Management. ASCE Manuals and Reports on Engineering Practice No. 71. American Society of Civil Engineers, New York, NY, p. 619.

Tanji, K., Läuchli, A., Meyer, J., 1986. Selenium in the San Joaquin Valley. Environ. Sci. Policy Sustain. Dev. 28 (6), 6–39. https://doi.org/10.1080/00139157.1986.9929919.

Tarchitzky, J., Chen, Y., Banin, A., 1993. Humic substances and pH effects on sodium and calcium montmorillonite flocculation and dispersion. Soil Sci. Soc. Am. J. 52, 1449–1452.

Tarchitzky, J., Golobati, Y., Keren, R., Chen, Y., 1999. Wastewater effects on montmoril-lonite suspensions and hydraulic properties of sandy soil. Soil Sci. Soc. Am. J. 63, 554–560.

Tarchitzky, J., Bar-Hai, M., Loewengart, A., Sokolovski, E., Peres, M., Kenig, E., Menashe, Y., Zilverman, A., Gal, Y., Aizenkot, A., Aizenchat, A., 2006. Treated Wastewater Irrigation Survey. Report 2003–2005. Ministry of Agriculture and Rural Development, State of Israel (in Hebrew).

Taylor, R., Zilberman, D., 2017. Diffusion of drip irrigation: the case of California. Appl. Econ. Perspect. Policy 39 (1), 16–40. https://doi.org/10.1093/aepp/ppw026.

Tesfa, B., 2013. Benefit of Grand Ethiopian Renaissance Dam Project (GERDP) for Sudan and Egypt. Discussion Paper. EIPSA Communicating Article: Energy, Water, Environment & Economic. This version is available at http://eprints.hud.ac.uk/19305/.

Thomas, J.R., Wiegand, C.L., Myers, V.I., 1967. Reflectance of cotton leaves and its relation to yield. Agron. J. 59 (6), 551–554. https://doi.org/10.2134/agronj1967. 00021962005900060019x.

Tindula, G., Orang, M., Snyder, R., 2013. Survey of irrigation methods in California in 2010. Am. Soc. Civil Eng. 139 (3), 233–238.

Toze, S., 2006. Reuse of effluent water—benefits and risks. Agric. Water Manag. 80, 147–159.

Tripler, E., Shani, U., Ben-Gal, A., Mualem, Y., 2012. Apparent steady state conditions in high resolution weighing-drainage lysimeters containing date palms grown under differ-ent salinities. Agric. Water Manag. 107, 66–73. https://doi.org/10.1016/j.agwat.2012. 01.010.

Uddameri, V., Singaraju, S., Hernandez, E.A., 2014. Impacts of sea-level rise and urbaniza-tion on groundwater availability and sustainability of coastal communities in semi-arid South Texas. Environ. Earth Sci. 71, 2503–2515. https://doi.org/10.1007/s12665-013-2904-z.

UNEP, 1992. Proceedings of the Ad-hoc Expert Group Meeting to Discuss Global Soil Databases and Appraisal of GLASOD/SOTER, February 24-28. UNEP, Nairobi.

US Bureau of Reclamation, West San Joaquin Division—San Luis Unit Project History. https://www.usbr.gov/projects/pdf.php?id=109.

US Soil Salinity Laboratory Staff, 1954. In: Richards, L.A. (Ed.), Improvement of saline and alkali soils. United States Department of Agriculture Handbook No. 60, p. 159.

USAID, 2004. Agriculture Reconstruction and Development Program for Iraq: Irrigarion Water Management Assessment and Priorities for Iraq. USAID.

USDA, NASS, 2018. Irrigation and Water Management Survey. Summary available at: https://www.nass.usda.gov/Publications/Highlights/2019/2017Census_Irrigation_and_ WaterManagement.pdf.

Van Bakel, P.J.T., Kselik, R.A.L., Roest, C.W.J., Smit, A.A.M.F.R., 2009. Review of Crop Salt Tolerance in the Netherlands. Report 1926. Alterra, Wageningen.

Van Dam, J.C., Groenendijk, P., Hendricks, R.F.A., Kroes, J.G., 2008. Advances of model-ing water flow in variably saturated soils with SWAP. Vadose Zone J. 1, 640–653.

van der Zee, S.E.A.T.M., Shah, S.H.H., Vervoort, R.W., 2014. Root zone salinity and sodicity under seasonal rainfall due to feedback of decreasing hydraulic conductivity. Water Resour. Res. 50, 9432–9446. https://doi.org/10.1002/2013WR015208.

Van Duijn, C.J., Pieters, G.J.M., Raats, P.A.C., 2019. On the stability of density stratified flow below a ponded surface. Transp. Porous Media 127, 507–548. https://doi.org/10.1007/s11242-018-1209-9.

van Genuchten, M.T., 1987. A Numerical Model for Water and Solute Movement in and Below the Root Zone, Research Report No 121. U.S. Salinity laboratory, USDA, Riverside, CA.

Van Genuchten, M.T., Gupta, S.K., 1993. A reassessment of the crop tolerance response function. J. Indian Soc. Soil Sci. 41, 730–736.

van Genuchten, M.T., Hoffman, G.J., 1984. Analysis of crop salt tolerance data. In: Shainberg, I., Shalhevet, J. (Eds.), Soil Salinity Under Irrigation—Process and Management Ecological Studies 51. Springer-Verlag, New York, pp. 258–271.

Van Ieperen, W., 1996. Consequences of diurnal variation in salinity on water relations and yield of tomato. PhD thesis, Department of Horticulture, Wageningen Agricultural University, p. 176.

van Olphen, H., 1977. An Introduction to Clay Colloid Chemistry, second ed. John Wiley, New York, NY, USA.

Van Schilfgaarde, J., 1994. Irrigation—a blessing or a curse. Agric. Water Manag. 25, 203–219.

Van Straten, G., De Vos, A., Vlaming, R., Oosterbaan, R., 2016. Field tests of dielectric sensors in a facility for studying salt tolerance of crops. Int. Agric. Eng. J. 25, 102–113.

Van Straten, G., De Vos, A., Rozema, J., Bruning, B., van Bodegom, P.M., 2019a. An improved methodology to evaluate crop salt tolerance from field trials. Agric. Water Manag. 213, 375–387. https://doi.org/10.1016/j.agwat.2018.09.008.

van Straten, G., de Vos, A.C., Rozema, J., Bruning, B., van Bodegom, P.M., 2019b. An improved methodology to evaluate crop salt tolerance from field trial. Agric. Water Manag. 213, 375–387.

Van Veen, J., 1941. De toeneming van het zoutgehalte op de benedenrivieren. In: Overdruk uit: Tijdschrift van het Nederlandsch Aadrijskundig Genootschap 58.1: 1–37. E.J. Bril, Leiden, p. 37.

Vandenbohede, A., Lebbe, L., Adams, R., Cosyns, E., Durinck, P., Zwaenepoel, A., 2010. Fresh-salt water distribution in the central Belgian coastal plain: an update. Geol. Belg. 13 (3), 163–172.

Vanderborght, J., Huisman, J.A., van der Kruk, J., Vereecken, H., 2013. Geophysical methods for field-scale imaging of root zone properties and processes. In: Anderson, S.H., Hopmans, J.W. (Eds.), Soil-Water-Root Processes: Advances in Tomography and Imaging. Soil Science Society of America Special Publication 61, pp. 247–282.

Vanuytrecht, E., Raes, D., Steduto, P., Hsiao, T.C., Fereres, E., et al., 2014. AquaCrop: FAO's crop water productivity and yield response model. Environ. Model. Softw. 62, 351–360. https://doi.org/10.1016/j.envsoft.2014.08.005.

Vaughan, P., Letey, J., 2015. Irrigation water amount and salinity dictate nitrogen requirement. Agric. Water Manag. 157, 6–11.

Vaziriyeganeh, M., Lee, S.H., Zwiazek, J.J., 2018. Water transport properties of root cells contribute to salt tolerance in halophytic grasses Poa juncifolia and Puccinellia nuttalliana. Plant Sci. 276, 54–62. https://doi.org/10.1016/j.plantsci.2018.08.001.

Vergine, P., Salerno, C., Libutti, A., Beneduce, L., Gatta, G., Berardi, G., Pollice, 2017. A: closing the water cycle in the agro-industrial sector by reusing treated wastewater for irrigation. J. Clean. Prod. 2017 (164), 587–596.

Vidal-Dorsch, D.E., Bay, S.M., Maruya, K., Snyder, S.A., Trenholm, R.A., Vanderford, B.J., 2012. Contaminants of emerging concern in municipal wastewater effluents and marine receiving water. Environ. Toxicol. Chem. 31 (12), 2674–2682. https://doi.org/10.1002/etc.2004.

Visconti, F., 2016. Importance of transient-state models in assessing and predicting water, soil and crop dynamics under irrigated agriculture. CAB Rev. 11 (001), 1–19.

Vrugt, J.A., Ter Braak, C.J.F., Gupta, H.V., Robinson, B.A., 2009. Equifinality of formal (DREAM) and informal (GLUE) Bayesian approaches in hydrologic modeling? Stoch. Env. Res. Risk A. 23, 1–16. https://doi.org/10.1007/s00477-008-0274-y.

Wallender, W.W., Tanji, K.K., 2012. Agricultural Salinity Assessment And Management. ASCE Manuals and Reports on Engineering Practice No. 71. American Society of Civil Engineers, New York, NY.

Wang, Z.Q., 1993. Salt-Affected Soils in China. Science Press, Beijing.

Wang, L., Shi, J., Zuo, Q., Zheng, W., Zhu, X., 2012. Optimizing parameters of salinity stress reduction function using the relationship between root-water-uptake and root nitrogen mass of winter wheat. Agric. Water Manag. 104, 142–152. https://doi.org/10.1016/j.agwat.2011.12.008.

Wang, Z., Jin, M., Šimůnek, J., van Genuchten, M.T., 2014. Evaluation of mulched drip irrigation for cotton in arid Northwest China. Irrig. Sci. 32, 15–27.

Wang, Q., Huo, Z., Feng, S., Yuan, C., Wang, J., 2015. Comparison of spring maize root water uptake models under water and salinity stress validated with field experiment data. Irrig. Drain. 64 (5), 669–682. https://doi.org/10.1002/ird.1939.

Wang, Z., Fan, B., Guo, L., 2019. Soil salinization after long-term mulched drip irrigation poses a potential risk to agricultural sustainability. Eur. J. Soil Sci. 70, 20–24.

WAPDA, 2007. Waterlogging, Salinity and Drainage Situation. SCARP Monitoring Organization, Water and Power Development Authority, Lahore, Pakistan.

Westin, F.C., Frazee, C.J., 1976. Landsat data, its use in a soil survey program. Soil Sci. Soc. Am. J. 40 (1), 81–89. https://doi.org/10.2136/sssaj1976.03615995004000010024x.

Whisler, F.D., Klute, A., Millington, R.J., 1968. Analysis of steady-state evapotranspiration from a soil column. Soil Sci. Soc. Am. J. 32 (2), 167–174. https://doi.org/10.2136/sssaj1968.03615995003200020009x.

Whitney, K., Scudiero, E., El-Askary, H.M., Skaggs, T.H., Allali, M., et al., 2018. Validating the use of MODIS time series for salinity assessment over agricultural soils in California, USA. Ecol. Indic. 93, 889–898. https://doi.org/10.1016/j.ecolind.2018.05.069.

Wichelns, D., Qadir, M., 2015. Achieving sustainable irrigation requires effective management of salts, soil salinity, and shallow groundwater. Agric. Water Manag. 157, 31–38.

Wichels, D., Oster, J.D., 2006. Sustainable irrigation is necessary and achievable, but direct costs and environmental impacts can be substantial. Agric. Water Manag. 86, 114–127.

Wicke, B., et al., 2011. The global technical and economic potential of bioenergy from salt-affected soils. Energy Environ. Sci. 4, 2669. https://doi.org/10.1039/c1ee01029h.

Wiegand, C.L., Leamer, R.W., Weber, D.A., Gerbermann, A.H., 1971. Multibase and multiemulsion space photos for crops...—Google Scholar. Photogramm. Eng. 37 (2), 147–156.

Wiegand, C.L., Everitt, J.H., Richardson, A.J., 1992. Comparison of multispectral video and SPOT-1 HRV observations for cotton affected by soil salinity. Int. J. Remote Sens. 13 (8), 1511–1525.

Wiegand, C.L., Rhoades, J.D., Escobar, D.E., Everitt, J.H., 1994. Photographic and videographic observations for determining and mapping the response of cotton to soil salinity. Remote Sens. Environ. 49 (3), 212–223. https://doi.org/10.1016/0034-4257 (94)90017-5.

Wild, A., 2003. Soils, Land and Food: Managing the Land During the Twenty-First Century. Cambridge University Press, Cambridge, UK.

Wimmer, M.A., Mühling, K.H., Läuchli, A., Brown, P.H., Goldbach, H.E., 2003. The interaction between salinity and boron toxicity affects the subcellular distribution of ions and proteins in wheat leaves. Plant Cell Environ. 26, 1267–1274.

Wolters, W., Bhutta, M.N., 1997. Need for integrated irrigation and drainage management: example of Pakistan. In: Proceedings of the ILRI Symposium Towards Integrated Irrigation and Drainage Management, Wageningen, The Netherlands.

World Bank, 2008. Project Appraisal Document-Water Sector Capacity Building and Advisory Services Project. Report No. 43784-PK. World Bank, Washington, DC.

World Health Organization (WHO), 2011. Nitrate and nitrite in drinking-water. WHO/SDE/WSH/07.01/16/Rev/1. WHO/SDE/WSH/03.

Wu, W., Al-Shafie, W.M., Mhaimeed, A.S., Dardar, B., Ziadat, F., Payne, W.B., 2013. Multiscale salinity mapping in Central and Southern Iraq by remote sensing. In: Agro-Geoinformatics (Agro-Geoinformatics), Second International Conference on, pp. 470–475.

Wu, W., Al-Shafie, W.M., Mhaimeed, A.S., Ziadat, F., Nangia, V., et al., 2014. Soil salinity mapping by multiscale remote sensing in Mesopotamia, Iraq. IEEE J. Selected Topics Appl. Earth Obs. Remote Sens. 7 (11), 4442–4452. https://doi.org/10.1109/JSTARS.2014.2360411.

Xue, Z.-Y., Zhi, D.-Y., Xue, G.-P., Zhang, H., Zhao, Y.-X., Xia, G.-M., 2004. Enhanced salt tolerance of transgenic wheat (*Triticum aestivum* L.) expressing a vacuolar Na$^+$/H$^+$ antiporter gene with improved grain yields in saline soils in the field and a reduced level of leaf Na+. Plant Sci. 167, 849–859.

Yang, J., 2008. Development and prospect of the research on salt-affected soils in China. Acta Pedol. Sin. 45, 837–845.

Yang, L., Huang, C., Liu, G., Liu, J., Zhu, A., 2015. Mapping soil salinity using a similarity-based prediction approach: a case study in Huanghe River Delta, China. Chin. Geogr. Sci. 25 (3), 283–294.

Yang, X., Ali, A., Xu, Y., Jiang, L., Lv, G., 2019. Soil moisture and salinity as main drivers of soil respiration across natural xeromorphic vegetation and agricultural lands in an arid desert region. Catena 177, 126–133.

Yao, L., Zhao, M., Xu, T., 2017. China's water-saving irrigation management system: policy, implementation, and challenge. Sustainability 9, 2339.

Yasuor, H., Tamir, G., Stein, A., Cohen, S., Bar-Tal, A., Ben-Gal, A., Yermiyahu, U., 2017. Does water salinity affect pepper plant response to nitrogen fertigation? Agric. Water Manag. 191, 57–66.

Yeo, A.R., Flowers, T.J., 1986. Salinity resistance in rice (*Oryza sativa* L.) and a pyramiding approach to breeding varieties for saline soils. Aust. J. Plant Physiol. 13, 161–173.

Yermiyahu, U., Tal, A., Ben-Gal, A., Bar-Tal, A., Tarchisky, J., Lahav, O., 2007. Rethinking desalinated water quality and agriculture. Science 318, 920–921.

Zabala, J.M., Marinoni, L., Giavedoni, J.A., Schrauf, G.E., 2018. Breeding strategies in *Melilotus albus* Desr., a salt-tolerant forage legume. Euphytica 214, 1–15.

Zaidi, S.S., Mahfouz, M.M., Kohli, A., Vanderschuren, H., Mansoor, S., Tester, M., 2019. New plant breeding technologies for food security. Science 363, 1390–1391.

Zhang, T.-T., Zeng, S.-L., Gao, Y., Ouyang, Z.-T., Li, B., et al., 2011. Using hyperspectral vegetation indices as a proxy to monitor soil salinity. Ecol. Indic. 11 (6), 1552–1562. https://doi.org/10.1016/j.ecolind.2011.03.025.

Zhang, T.-T., Qi, J.-G., Gao, Y., Ouyang, Z.-T., Zeng, S.-L., et al., 2015. Detecting soil salinity with MODIS time series VI data. Ecol. Indic. 52, 480–489. https://doi.org/10.1016/j.ecolind.2015.01.004.

Zhang, L., Song, L., Wang, B., Shao, H., Zhang, L., Qin, X., 2018. Co-effects of salinity and moisture on CO_2 and N_2O emissions of laboratory incubated salt-affected soils from different vegetation types. Geoderma 332, 109–120.

Zhang, C., Li, X., Kang, Y., Wang, X., 2019. Salt leaching and response of *Dianthus chinensis* L. to saline water drip-irrigation in two coastal saline soils. Agric. Water Manag. 218 (1), 8–16.

Zhao, S., Feng, C., Wang, D., Liu, Y., Shen, Z., 2013. Salinity increases the mobility of Cd, Cu, Mn, and Pb in the sediments of Yangtze Estuary: relative role of sediments' properties and metal speciation. Chemosphere 91, 977–984.

Zhu, X., Li, Y., Li, M., Pan, Y., Shi, P., 2013. Agricultural irrigation in China. J. Soil Water Conserv. 68 (6), 147A–154A.

索　引